W0192784

HHL Leipzig Graduate School of Management (Hrsg.)

Das Leipziger Führungsmodell

The Leipzig Leadership Model

2., überarbeitete und erweiterte Auflage

HHL ACADEMIC PRESS

Grußworte

Dr. Tessen von Heydebreck

*Vorsitzender des Aufsichtsrats der HHL, u. a.
Vorsitzender des Kuratoriums der Deutsche
Bank Stiftung, Mitglied des Aufsichtsrats der
Deutschen Postbank AG*

Führung ist täglich Brot

Vom Mitarbeiter bis zum Konzernvorstand wird jeder Einzelne in seinem Tätigkeitsfeld beständig mit einer Vielzahl von Führungsaufgaben konfrontiert und bleibt dabei zugleich in seiner gesamtgesellschaftlichen Einbindung in vielen anderen Bereichen stets von der Führung anderer abhängig.

Gute Führung ist in diesem Sinne ein substanzielles Bindeglied gelungenen menschlichen Zusammenlebens und stellt nach wie vor ein hohes Gut dar, dessen Erschließung einerseits persönlichen Einsatz, Erfahrung und Charakter erfordert, andererseits aber auch der äußeren Orientierung und Reflexion bedarf, um in den verschiedensten Kontexten situativ angemessene und gleichermaßen nachhaltige Entscheidungen zu treffen.

Mit dem Leipziger Führungsmodell wird nun ein Konzept vorgelegt, das sich den Herausforderungen unserer Zeit stellt und im Spannungsfeld politischer Instabilität und gesellschaftlichen Wandels zu einem ganzheitlichen Führungsverständnis anregt. Komplementär zu etablierten systemischen Managementmodellen stellt das Leipziger Modell dabei wieder das Individuum in den Mittelpunkt und versteht sich als wissenschaftlich fundierte Orientierungshilfe, die der einzelnen Führungskraft in ihrem spezifischen Aufgabenbereich einen theoretischen Leitfaden zur gezielten Umsetzung effektiver Führungskompetenzen bietet.

Unternehmerischer Optimismus und verantwortungsvolles Handeln sind dabei zentrale theoretische wie praktische Richtwerte, die auf individueller wie gesamtgesellschaftlicher Ebene über die erfolgreiche Realisierung zukunftsweisender Potenziale unserer Gegenwart entscheiden.

Mit dem in vorliegender Publikation eingeführten Leipziger Führungsmodell ist ein wegweisender Schritt in diese Richtung getan.

Die HHL Leipzig Graduate School of Management ist dabei in besonderem Maße nicht nur ihren überaus engagierten Wissenschaftlern und Mitarbeitern, sondern auch den Mitgliedern der Gremien zu großem Dank verpflichtet. Wertvolle Hinweise und konstruktive Kritik aus den Reihen von Aufsichtsrat, Kuratorium und Gesellschafterversammlung haben den akademischen Fokus um wichtige Impulse aus Wirtschaft und Politik ergänzt und unterstreichen die interdisziplinäre und dialogorientierte Ausrichtung eines innovativen neuen Führungskonzepts, das auf ständige Fortentwicklung ausgelegt ist und dabei Ihrer steten Anregungen und Kritik bedarf. In diesem Sinne ist dem Modell ein produktiver diskursiver Austausch und erfolgreicher Weg in die Praxis täglicher Führung zu wünschen.

Dr. Tessen von Heydebreck

Prof. Dr. Ulrich Lehner
Vorsitzender des Kuratoriums der HHL, u. a. Mitglied des Gesellschafterausschusses der Henkel AG & Co. KGaA, Vorsitzender des Aufsichtsrates der Deutschen Telekom AG

Sehr geehrte Damen und Herren,

die Wirtschaft ist nicht das wichtigste, sicher aber das nötigste Subsystem der menschlichen Gesellschaft. Bei der Gestaltung dieses Systems der Daseinsfürsorge ist für Effektivität und Effizienz zu sorgen.

Wirtschaften geschieht in immer schwierigeren Situationen, nationale Standards stehen im Standortwettbewerb, Unternehmen im Marktwettbewerb. Die Herausforderungen an die Unternehmer werden vielfältiger. Das Subsystem Wirtschaft steht mit den anderen Subsystemen der Gesellschaft in komplexen Beziehungen.

Die Handelnden müssen mit Haltung handeln, in Verantwortung für ihr Unternehmen, ihre Mitarbeiter und alle anderen am Unternehmen beteiligten Gruppen. Sie müssen durch ihr Handeln das Vertrauen in das System – und hier die soziale Marktwirtschaft – auch in ihrem Interesse sowie im Interesse der Gesellschaft immer wieder bestätigen. Wir müssen die Frage im Blick behalten: Was schulden wir einander?

Führung im Unternehmen ist zielorientierte Kommunikation, die auf Werten beruht und gute Handwerkskunst erfordert, die in Lehre und Praxis vermittelt werden muss. Das unternehmerische Handeln erfüllt den Eigennutz der Akteure nur im Erfüllen eines gesellschaftlichen Zweckes.

Ich freue mich, dass mit dem Leipziger Führungsmodell ein umfassendes Konzept der Führung im Unternehmen erarbeitet worden ist, das seinen Niederschlag im Ausbildungscurriculum finden wird und dann seinen Beitrag zu erfolgreichem nachhaltigem Wirtschaften leisten wird.

Mit besten Grüßen
Ihr Prof. Dr. Ulrich Lehner

Dr.-Ing. Horst Nasko
Stellvertretender Vorstandsvorsitzender der Heinz Nixdorf Stiftung und Stiftung Westfalen

Sehr geehrte Damen und Herren,

Phasen schneller technologischer und wirtschaftlicher Veränderungen und damit einhergehende Krisen stellen Führungskräfte in Wirtschaft, Verwaltung und Politik vor besondere Herausforderungen. Gilt es doch, sich möglichst schnell und vorausschauend auf das Neue einzustellen und zugleich die Mitarbeiter, Kunden und Lieferanten auf diesem Weg mit dem Ziel mitzunehmen, die Folgen des Wandels in deren Interesse wie im Interesse nachhaltigen Unternehmenserfolgs so positiv wie möglich zu gestalten.

Dem infolge von Digitalisierung und Globalisierung ständig wachsenden Wettbewerbsdruck können Unternehmen und Ökonomien dauerhaft nur standhalten, wenn die Menschen von der Sinnhaftigkeit eigener, organisationaler und gesellschaftlicher Anstrengungen überzeugt sind und einen positiven Wertbeitrag für sich und andere erkennen können. Dazu gehört besonders auch der verantwortliche Umgang mit den begrenzten natürlichen Ressourcen.

Hierzu müssen das eigene Denken und Handeln von Führungskräften wie Mitarbeitern stärker als ganzheitlicher Prozess wahrgenommen und ökonomische Spannungen aufgedeckt und neutralisiert sowie Potenziale gezielt gehoben werden. Das Leipziger Führungsmodell stellt vor diesem Hintergrund ein substanzielles Konzept vor, das Orientierungshilfen für gleichermaßen effektives wie verantwortliches Management bietet. Es gibt gezielt Anregungen, den großen Herausforderungen unserer Zeit mit einer unternehmerischen Haltung zu begegnen, die Innovations- und Effizienzstreben

nicht als Gegensätze zum Verantwortungsbewusstsein, sondern vielmehr als komplementäre Voraussetzungen einer nachhaltigen Führungskultur ansieht. Ich freue mich in diesem Sinne ganz besonders, Sie mit vorliegender Publikation auf ein neues Führungsmodell aufmerksam machen zu dürfen, das von der HHL Leipzig Graduate School of Management aus einem mehrjährigen, sehr intensiven und pluralistisch geführten Theorie-Praxis-Dialog entstanden ist und sich nunmehr der weiteren offenen Diskussion mit der Fachwelt und interessierten Öffentlichkeit stellt. Zudem bietet es Entscheidungsträgern sowohl hinreichend einfache wie zugleich auch belastbare Orientierungen, um ihre komplexen Führungsthemen besser durchdringen und ihre Entscheidungen ebenso effektiv und innovativ wie auch verantwortlich vorbereiten und lösen zu können.

Mit seiner ganzheitlichen Orientierung und dem Plädoyer für eine das große Ganze mitberücksichtigenden individuellen Führungsverantwortung leistet das Leipziger Führungsmodell darüber hinaus einen wichtigen Beitrag zur Erhaltung und Sicherung wesentlicher Grundvoraussetzungen für die Funktionsfähigkeit der sozialen Marktwirtschaft in einer pluralistischen, prosperierenden und zukunftsorientierten Gesellschaft.

Mit besten Grüßen
Ihr Dr.-Ing. Horst Nasko

Inhalt   Table of Contents

Das Leipziger Führungsmodell

1. Einführung

Motivation und Zielsetzung

Führung war stets anspruchsvoll. Das gilt erst recht in Zeiten grundlegenden Wandels, wie wir sie gegenwärtig durch die Globalisierung und Digitalisierung erfahren. Vergleichbar mit der industriellen Revolution halten diese Entwicklungen eine enorme Fülle neuer Herausforderungen, aber auch Chancen bereit, die es als (unternehmerische) Führungskraft zu verstehen und verantwortlich zu nutzen gilt. Begleitet werden die Veränderungen von der Notwendigkeit ökologischen Handelns, um eine weitere Überbeanspruchung der natürlichen Ressourcen zu verhindern und die Widerstandsfähigkeit gegenüber voranschreitenden Phänomenen des Klimawandels zu erhöhen.

Damit gehen neue Anforderungen an Führungskräfte einher. Sie müssen entsprechende Fähigkeiten herausbilden und interkulturelle und digitale Kompetenzen entwickeln, um sich dem grundlegenden Wandel stellen und dessen Folgen für den gesellschaftlichen Wohlstand und zur Erhaltung der ökologischen Lebensgrundlagen ermessen zu können. Zugleich machen eine wachsende Zahl ökonomischer, sozialer und politischer Konflikte sowie eine zunehmende Komplexität der Führungsaufgaben bei gleichzeitiger Verkürzung der Planungs- und Entscheidungsintervalle es notwendig, *Führung neu zu denken*. Dabei gewinnen Fragen

nach dem *Warum* und *Wozu*, dem *Was* und dem *Wie* sowie nach der Konsistenz der jeweiligen Antworten darauf nicht zuletzt auch mit Blick auf die junge Generation der Führungsnachwuchskräfte einen neuen Stellenwert.

Als traditionsreichste betriebswirtschaftliche Fakultät im deutschen Sprachraum hat die HHL ihren Blick für verantwortungsvolle Unternehmensführung bereits früh geschärft. Mit ihren Lehr- und Forschungsbereichen für Wirtschaftsethik, Wirtschaftspsychologie und Führung, Innovation & Entrepreneurship, Strategie sowie Corporate Governance und Sustainability & Competitiveness zählt die HHL zu den Schrittmachern für ein ganzheitliches Führungsverständnis. Dazu trägt auch ihre enge Kooperation mit dem Wittenberg-Zentrum für Globale Ethik bei. Im Mittelpunkt ihres Zukunftskonzepts *„innovate125"* (Pinkwart 2012) steht die Vision einer *Leipziger Schule für nachhaltige unternehmerische Führung*.

Etappen auf dem Weg zum Leipziger Führungsmodell

Das im engen Dialog zwischen Wissenschaft, Wirtschaft und Politik entstandene Leipziger Führungsmodell ist langfristig angelegt und bezieht neueste Forschungsergebnisse ebenso mit ein wie Erkenntnisse aus dem bisherigen integrierten HHL-

Managementmodell (Meffert 1998). In den vergangenen fünf Jahren hat die HHL gemeinsam mit über einhundert Experten aus Wissenschaft, Wirtschaft, Medien und Politik fünf große Foren zum Thema „*Führung neu denken*" veranstaltet und dokumentiert.

Im Rahmen der Vortragsreihe „*Leipzig Leadership Lecture*" haben in den letzten Jahren Vorstandsvorsitzende von DAX-Unternehmen ebenso wie Eigentümerunternehmer großer Hidden Champions zu aktuellen Führungsthemen an der HHL vorgetragen und mit Professoren und Studierenden diskutiert. Zugleich wurde die Forschung an den Lehrstühlen und Centern der HHL zu Schlüsselthemen wie Vertrauen, Wandel, Nachhaltigkeit und Verantwortung in den letzten Jahren vorangetrieben. Darüber hinaus wirkt die HHL mit ihren Lehrstühlen aktiv an Benchmark-Studien wie dem Good Company Ranking und dem Gemeinwohlatlas (www.gemeinwohlatlas.de) mit, die Beiträge von Unternehmen im Bereich verantwortlicher unternehmerischer Führung transparent machen und vergleichend bewerten.

Mitwirkende

Aufsetzend auf dem zuvor beschriebenen Theorie-Praxis-Dialog, entwickelte ein Kernteam bestehend aus den HHL-Lehrstuhlinhabern Prof. Dr. Manfred Kirchgeorg, Prof. Dr. Timo Meynhardt, Prof. Dr. Andreas Pinkwart, Prof. Dr. Andreas Suchanek und Prof. Dr. Henning Zülch seit Ende 2015 das nunmehr vorliegende Modell. Hierzu wurden mehrere

Dabei gewinnen Fragen nach dem Warum und Wozu, dem Was und dem Wie sowie nach der Konsistenz der jeweiligen Antworten darauf nicht zuletzt auch mit Blick auf die junge Generation der Führungsnachwuchskräfte einen neuen Stellenwert.

Workshops zusammen mit Mitgliedern der Fakultät und des Kuratoriums sowie mit Studenten und Doktoranden durchgeführt und systematisch ausgewertet. Für diese äußerst intensive, engagierte und fruchtbare Zusammenarbeit gilt meinen Kollegen im genannten Kernteam wie in der Fakultät und der Studentenschaft sowie den Mitgliedern des Kuratoriums unter Vorsitz von Herrn Prof. Dr. Ulrich Lehner unser besonderer Dank.

Eckpunkte und Anspruch des Modells

Das im Folgenden vorgestellte Modell will primär Orientierungen für die (Führungs-) Praxis und die künftigen Führungsnachwuchskräfte geben. Es baut auf dem aktuellen Stand der Führungsforschung auf und ist bewusst entwicklungsorientiert angelegt. Das heißt, es ist offen für weitere Detaillierungen und Ergänzungen, die sich aus dem fachlichen Diskurs und den Reflexionen mit der Führungspraxis ergeben. Im Zuge dieses Diskurses ist das zentrale Kriterium der Weiterentwicklung die Orientierungsleistung des Konzepts in der Praxis, d. h. die Gewährleistung von

Problemorientierung, Einfachheit, Robustheit und Anschlussfähigkeit. Die angesprochenen entwicklungsfähigen Orientierungen dienen nicht als Rezepte oder Werkzeuge. Wir legen mit anderen Worten kein weiteres „Kochbuch" guter Führung vor, sondern liefern Orientierungen im Sinne eines Kompasses. Sie geben Hinweise auf grundlegende, nicht vernachlässigbare Dimensionen guter Führung, die zunächst eher zu Fragen als zu Antworten führen. Zudem ist das Führungsmodell nicht normativ in dem Sinne zu verstehen, dass es guter Führung Ziele und Werte vorschreibt.

Das Modell zielt mit der Ausgangsfrage nach dem von den jeweiligen Individuen und Organisationen verfolgten *Purpose* vielmehr auf eine Reflexion der Zweck-Mittel-Relation in der Führungsarbeit ab. Der Purpose bildet daher auch den graphischen Kern des Modells und zieht sich als handlungsleitende Idee durch alle anderen Dimensionen *Verantwortung, Unternehmergeist* und *Effektivität*, die schließlich im *Wertbeitrag* für die Stakeholder und die Gesellschaft ihren konkreten Ausdruck findet. Bei der Effektivitätsdimension handelt es sich um die Konkretisierung von Zielen, Strategien und Maß-

Die angesprochenen entwicklungsfähigen Orientierungen dienen nicht als Rezepte oder Werkzeuge. Wir legen mit anderen Worten kein weiteres „Kochbuch" guter Führung vor, sondern liefern Orientierungen im Sinne eines Kompasses.

nahmen und damit dem „Was", in dem sich der Purpose realisiert. Anders als mit der Festlegung auf einen deutschen Begriff, kann mit dem englischen Wort „Purpose" das gesamte Begriffsfeld von Sinn, Zweck, Bedeutung, Zielausrichtung etc. angesprochen werden. Die Fragen des „Wie" der Umsetzung sind Gegenstand der Dimensionen Verantwortung und Unternehmergeist. Da das Zusammenspiel der einzelnen Dimensionen in der Praxis selten idealen Mustern folgt, werden in einem besonderen Abschnitt sowohl die *Spannungen* als auch die *Potenziale* von Führung diskutiert. Entsprechende Potenziale zu erkennen und zu heben, ist eine wesentliche Voraussetzung für einen erfolgreichen Wertbeitrag für den Einzelnen, die Organisation und für Dritte und damit letztlich für den Führungserfolg. Gute Führung bedeutet demnach, bei der Wahrnehmung der Führungsaufgabe in der Organisation und im Zusammenwirken mit dem gesellschaftlichen Umfeld entstehende Potenziale wie auch Konflikte frühzeitig zu erkennen und ebenso wirksam wie verantwortlich zu heben respektive zu vermeiden.

Künftige Weiterentwicklung

Die HHL hat sich dieses wichtigen Themas „Führung neu denken" nicht mit tagesaktuellen Formaten angenommen, sondern einen systematisch und nachhaltig angelegten Theorie-Praxis-Dialog organisiert. Mit der nun vorliegenden Überleitung dieses Dialogs in ein für Weiterentwicklungen offenes und bewusst dynamisch angelegtes Führungsmodell schafft sie die Möglichkeit, diesen Diskurs für die Unternehmenspraxis ebenso wie für die Führungsforschung und -lehre verfügbar zu machen und ihn zugleich auch selbst weiter voranzutreiben. Hierzu haben wir auf unserem HHL-Forum im Dezember 2016, auf dem das Leipziger Führungsmodell erstmalig der Öffentlichkeit vorgestellt wurde, ebenso Gelegenheit gegeben wie auf bundesweiten Diskussionsveranstaltungen, wie sie etwa zu Jahresbeginn bereits in Köln und München durchgeführt wurden. Aufgrund des großen Interesses und der sehr positiven Aufnahme des neuen Führungsmodells sind weitere Veranstaltungen im Laufe des Jahres 2017 vorgesehen. Auf dem HHL-Forum Anfang November 2017 wollen wir dann eine erste Zwischenbilanz ziehen. Die bereits vorliegenden Anregungen und Ergänzungen konnten wir bereits in die nunmehr vorliegende 2. Auflage des Leipziger Führungsmodells aufnehmen.

Parallel hierzu vertieft die HHL ihre Forschungsanstrengungen zu den einzelnen Dimensionen des Führungsmodells und stellt es in ihren unterschiedlichen akademischen Programmen ebenso wie in der Executive Education vor und zur Diskussion. Der Studiengang Master of Science in Management wurde bereits begleitend zur Erarbeitung des Leipziger Führungsmodells im Sinne des neuen Führungsmodells grundlegend neu strukturiert. Diese Neuausrichtung wird im Folgenden in der von Fakultät und Senat der HHL beschlossenen Form ebenfalls vorgestellt und erläutert.

Dank an wichtige Unterstützer

Dass die HHL das Leipziger Führungsmodell zeitgleich zur Umsetzung ihres HHL-Zukunftskonzepts „*innovate125*" entwickeln konnte, ist der Mitwirkung und dem besonderen Engagement aller Kolleginnen und Kollegen, Mitarbeiterinnen und Mitarbeiter sowie den Studierenden und Alumni der HHL ebenso zu verdanken wie der großartigen Unterstützung durch die Gesellschafter und Förderer sowie den Aufsichtsrat der HHL unter Vorsitz von Dr. Tessen von Heydebreck.

Für den Erfolg des Gesamtprojekts war es schließlich von unschätzbarem Wert, dass die Heinz Nixdorf Stiftung und namentlich deren stellvertretender Vorsitzender Dr. Horst Nasko den zuvor beschriebenen Prozess von der ersten Idee im Jahre 2011 bis zu dem nunmehr vorliegenden Modell einschließlich aller bisherigen und bevorstehenden Foren und Veröffentlichungen in großzügiger Weise ideell und finanziell unterstützt haben. Hierfür gilt der Heinz Nixdorf Stiftung und Herrn Dr. Nasko unser aufrichtiger Dank.

Ebenso dankbar für begeisterte und tatkräftige begleitende Unterstützung sind wir den über den Zeitraum des Projekts mit der Leitung des Büros der Hochschulleitung jeweils betrauten und hier chronologisch aufgeführten Assistenten der Geschäftsführung Dr. Tim Metje, Marcus Haberstroh, LL.M., und Dr. Nils Lundberg.

Wir bedanken uns bei Ihnen, unseren Leserinnen und Lesern, für Ihr Interesse am Leipziger Führungsmodell und wünschen Ihnen eine anregende und ertragreiche

Lektüre. Und wir wünschen uns von Ihnen möglichst viel konstruktive Kritik und weiterführende Ideen und Anregungen. Vor allem wünschen wir uns auch eine positive Aufnahme des Führungsansatzes in der Praxis, an der sich letztlich jedes theoretisch hergeleitete Konzept messen lassen muss.

Für das Kernteam, die Fakultät und den Senat der HHL

Prof. Dr. Andreas Pinkwart
Rektor der HHL

Gute Führung bedeutet demnach, bei der Wahrnehmung der Führungsaufgabe in der Organisation und im Zusammenwirken mit dem gesellschaftlichen Umfeld entstehende Potenziale wie auch Konflikte frühzeitig zu erkennen und ebenso wirksam wie verantwortlich zu heben respektive zu vermeiden.

2. Präambel

Das hier vorgestellte Führungskonzept beruht auf Prämissen, die einleitend zu erläutern sind. Es handelt sich im Einzelnen um folgende Grundannahmen:

1. Ausgangssituation: Globalisierung, Digitalisierung und Ökologie stellen Führung vor neue Herausforderungen.
2. Methode: Das vorgelegte Konzept strebt an, Orientierungen für gute Führung in einem offenen (Dialog-)Prozess zu entwickeln.
3. Menschenbild: Führung setzt individuelle Freiheit voraus.
4. Einbettung I: Führung geschieht im Rahmen einer Organisation als übergeordneter Einheit.
5. Einbettung II: Führung (in) einer Organisation geschieht unter Wettbewerbsbedingungen in der Gesellschaft.
6. Grenzen: Gute Führung benötigt realistische Erwartungen und unterstützende Strukturen.

1. Ausgangssituation: Globalisierung, Digitalisierung und Ökologie stellen Führung vor neue Herausforderungen

Führung war immer schon herausfordernd. Einige dieser Herausforderungen sind über die Zeit gleich geblieben: Es geht darum, andere Menschen für anstehende Aufgaben zu gewinnen und ihnen Orientierungen und/oder Anweisungen zu geben, idealerweise in der Form, dass die Betreffenden sich diese Aufgaben zu eigen machen. Andere Herausforderungen wandeln sich mit der Zeit, da sie von kulturellen, rechtlichen, technologischen oder anderen Gegebenheiten abhängen.

In den letzten ca. 30 Jahren fand ein weitreichender Wandel statt, der Auswirkungen hat auf die Rolle und das Verständnis von Führung: Globalisierung und Digitalisierung haben eine enorme Fülle neuer Chancen der Kooperation und der Wertschöpfung generiert, die es als (unternehmerische) Führungskraft zu verstehen gilt, wenn man sie nutzen will. Begleitet werden die neuen Herausforderungen von ökologischen Handlungsnotwendigkeiten, um die weitere Übernutzung des ökologischen Systems zu verhindern und um die Widerstandsfähigkeit gegenüber voranschreitenden Phänomenen des Klimawandels zu erhöhen.

Es ist kaum zu bezweifeln, dass der Mensch zu einem der wichtigsten Einflussfaktoren auf die Lebensvoraussetzungen auf unserem Planeten geworden ist (Anthropozän). Damit einher geht die Anforderung an Führungskräfte, sich den neuen Entwicklungen zu stellen und Fähigkeiten zur Bewältigung neuer Herausforderungen auszubilden. Dazu zählen neben interkulturellen Kompetenzen auch hinreichende Kenntnisse über digitale Technologien und die Voraussetzungen

Es geht darum, andere Menschen für anstehende Aufgaben zu gewinnen und ihnen Orientierungen und/oder Anweisungen zu geben, idealerweise in der Form, dass die Betreffenden sich diese Aufgaben zu eigen machen.

und Folgen ihrer Anwendung für den gesellschaftlichen Wohlstand und zur Erhaltung der ökologischen Lebensgrundlagen.

Doch mit dem durch Globalisierung und Digitalisierung bewirkten gesellschaftlichen Wandel geht ebenfalls eine Ausweitung von Konflikten – und auch von Komplexität – einher, die (erfolgreiche und verantwortliche) Führung vor neue Probleme stellt und die verlangt, *Führung neu zu denken* im Hinblick auf das *Warum* (bzw. *Wozu*), das Was und das Wie. Globalisierung und Digitalisierung führen unter anderem dazu, dass sich der Wettbewerb erheblich verschärft. Auch wenn das in mancher Hinsicht begrüßenswert und dem „Wohlstand der Nationen" (Smith 2006) förderlich ist, bringt es doch auch eine Intensivierung des Drucks mit sich, Kosten zu senken – evtl. auch durch deren Externalisierung, die gesellschaftlich unerwünscht sein kann –, oder umgekehrt kurzfristige Gewinne anzustreben und zu realisieren, die zulasten Dritter gehen. Das ist aber nicht nur für die Betroffenen ein Schaden, sondern gefährdet die Reputation der Organisation bzw. der Führungskraft und unterminiert die Ordnung, innerhalb derer sich ein solches Verhalten ereignet.

Nicht zuletzt darin liegt die wesentliche neue Herausforderung von Führung: Es geht nicht nur darum, (kurzfristig) Erfolge zu erzielen, sondern diese in einer Art und Weise zu erreichen, die nicht zugleich die Bedingungen für künftigen Erfolg untergräbt; mehr noch: Aufgrund von Globalisierung und (insbesondere) Digitalisierung sind diese Herausforderungen unter oft erheblichem Zeitdruck und hoher Komplexität und Unsicherheit zu bewältigen. Das stellt Anforderungen an das Selbstverständnis einer Führungskraft und die Fähigkeit, diese Haltung so zu gestalten, dass sie in unterschiedlichen Regionen und über die Zeit – d. h. nachhaltig – bewahrt wird und zugleich die Aufgabe der Führung erfolgreich wahrgenommen wird. Und es erfordert die Weiterentwicklung von Führungskonzepten, die dieser Ausgangssituation angemessen Rechnung tragen.

2. Methode: Das vorgelegte Konzept strebt an, Orientierungen für gute Führung in einem offenen (Dialog-)Prozess zu entwickeln

Führungstheorien und -konzepte standen immer schon vor dem Problem, die enorme Vielfalt und Kontingenz konkreter Führungssituationen theoretisch angemessen zu erfassen. Die Spannung von „rigor" – hier im generellen Sinne wissenschaftlicher Allgemeinheit, Präzisierung, Konsistenz und Abgesichertheit – und „relevance" – hier im Sinne von wirksamer Orientierungsleistung in der Praxis – zeigt sich in diesem Feld besonders deutlich. Da sich diese Spannung unter den umrissenen gesellschaftlichen Bedingungen weiter verschärft, bedarf es der methodischen Klärung, welcher Art das vorgestellte Führungskonzept ist bzw. wie seine Aussagen zu interpretieren sind.

Die entsprechende These lautet: Es geht um entwicklungsfähige Orientierungen. Damit wird zunächst gesagt, dass das hier vorgelegte Konzept darauf abzielt, Heuristiken für die (Führungs-)Praxis zu geben. Die Berücksichtigung bzw. Weiterentwicklung wissenschaftlicher Erkenntnisse sowie die Anschlussfähigkeit an die Forschung wird nicht aus den Augen verloren, ist aber nicht das primäre Ziel. Weiterhin verweist das Adjektiv „entwicklungsfähig" darauf, dass das Führungskonzept in doppeltem Sinne offen angelegt ist, zum einen im Hinblick auf das Zulassen eines gewissen Pluralismus von Interpretationen, wie die Kernaussagen und -dimensionen des Modells jeweils zu verstehen sind, zum anderen im Hinblick darauf, dass aus dem Diskurs und den Reflexionen dieser Interpretationen sich im Laufe der Zeit die Grundaussagen mit Gehalt füllen. Im Zuge dieses Diskurses ist das zentrale Kriterium der Weiterentwicklung die Orientierungsleistung des Konzepts in der Praxis, d. h. die Gewährleistung seiner *Problemorientierung, Einfachheit, Robustheit* und *Anschlussfähigkeit.* Auch sind die angesprochenen entwicklungsfähigen Orientierungen keine Rezepte oder Werkzeuge – sozusagen kein Navigationssystem –, sondern Orientierungen im Sinne eines Kompasses, d. h. Hinweise auf grundlegende, nicht zu vernachlässigende Dimensionen guter Führung, die zunächst eher zu Fragen als zu Antworten führen.

Führung bedeutet, Verantwortung für sich, für andere und für die Zukunft zu übernehmen und dabei eine Vorbildrolle zu erfüllen. Die dafür notwendigen Fähigkeiten erfordern nicht allein das „Handwerkszeug" der Führung, sondern auch die entsprechende Bereitschaft und einen klaren inneren Kompass.

Schließlich ist das Führungsmodell nicht normativ zu verstehen in dem Sinne, dass es guter Führung deren Ziele und Werte vorschreiben wollte. Vielmehr ergeben sich die nachfolgend vorgestellten Dimensionen guter Führung nach unserer Auffassung aus der heutigen Situation, in der jeder Führungskraft einerseits Freiräume zur Entscheidung gegeben sind – deshalb ergeben Orientierungen Sinn –, andererseits diese Freiräume durch gesellschaftliche Bedingungen vorstrukturiert werden, aus denen sich die Dimensionen ergeben. In einem schwachen Sinne indes ist das Modell normativ wie jede (Führungs-)Theorie, die Orientierungen liefern will: Letztlich muss Führung wie auch jede Organisation dem Wohl der Menschen dienen; an dieser Grundprämisse müssen sich auch die Wirtschaftswissenschaften und spezifischer Führungstheorien orientieren, denn sonst verlieren sie ihre gesellschaftliche Legitimität.

3. Menschenbild: Führung setzt individuelle Freiheit voraus

Geht man dem Gedanken von Führung auf den Grund, wird deutlich, dass Führende und Geführte Menschen sind und als solche über Freiheit verfügen. Dieser an sich triviale Gedanke ist folgenreich und setzt voraus, dass Theorien und Modelle über Führung – mindestens implizit – ein Menschenbild entwickeln. Nach unserer Auffassung muss ein solches Menschenbild drei fundamentalen Aspekten Rechnung tragen:

(1) Wir gehen davon aus, dass Menschen frei sind und um dieser Freiheit willen Respekt verdienen, der sich im Kontext von Führung darin zeigt, dass ihre jeweiligen Werte, Interessen und Überzeugungen ernst zu nehmen sind. Nicht zuletzt deshalb wird die Frage nach dem „Purpose", dem Sinn und Zweck von Führung bzw. dem Beitrag zur gesellschaftlichen Zusammenarbeit zum gegenseitigen Vorteil, zur Kernidee des Modells.

(2) Wir gehen davon aus, dass das Handeln von Menschen zahlreichen empirischen (biologischen, physiologischen, psychologischen, soziologischen usw.) Bedingungen unterliegt. Das bedeutet, dass sowohl die Führungskraft als auch die von ihr Geführten weder Maschinen noch unfehlbar, sondern Menschen sind. Menschen machen Fehler, können sich irren, sind mehr oder weniger opportunistisch und unterliegen stets situativen Einflüssen. Doch zugleich sind Menschen kreativ, lernfähig und grundsätzlich auf Kooperation hin orientiert.

(3) Wir gehen davon aus, dass Führung sich als Einflussnahme auf andere Menschen rechtfertigen können muss, indem gezeigt werden kann, dass gewählte Strategien, getroffene Entscheidungen und durchgeführte Maßnahmen einen Beitrag zu einem größeren Ganzen (z. B. Team, Unternehmen, Gesellschaft) darstellen und ethisch legitimiert sind.

Alle drei Aspekte sind für Fragen guter Führung wesentlich. So sollte Führung stets von Respekt gegenüber der Würde der Mitmenschen und von ihrer Befähigung zur Freiheit und Partizipation geprägt sein. Zugleich ist Realismus und Menschenkenntnis wichtig, insbesondere im Hinblick auf die Frage, wie die Geführten ihre Freiheit wahrnehmen werden

Das Leipziger Führungsmodell besticht in einer Zeit des dynamischen Wandels und der damit einhergehenden individuellen, unternehmerischen und gesellschaftlichen Verunsicherungen durch den Mut zur modellhaften Einfachheit, ohne inhaltlich trivial zu sein. Das neue Führungsmodell wird somit helfen, das immerwährende Ringen um die jeweils beste Art der Führung deutlich zu verbessern und zu erleichtern.

Bernd J. Wieczorek
Egon Zehnder International

und wie man sie dazu bewegen kann, dies mit „Blick auf das größere Ganze", den Sinn und Zweck (Purpose) ihrer jeweiligen Aufgaben zu tun. Dabei stellt der Umstand, dass Menschen so unterschiedlich sind, eine erhebliche Herausforderung dar. Daraus folgt auch, dass Führungsarbeit nicht nur Können, sondern auch Wollen erfordert. Führung bedeutet, Verantwortung für sich, für andere und für die Zukunft zu übernehmen und dabei eine Vorbildrolle zu erfüllen. Die dafür notwendigen Fähigkeiten erfordern nicht allein das „Handwerkszeug" der Führung, sondern auch die entsprechende Bereitschaft und einen klaren inneren Kompass. Wer sich selbst nicht führen kann, kann auch andere nicht führen.

4. Einbettung I: Führung geschieht im Rahmen einer Organisation als übergeordneter Einheit

Führungskräfte agieren nicht freischwebend, sondern bekleiden Positionen in Organisationen, etwa Unternehmen. Damit repräsentieren sie stets auch diese Organisation. Wir gehen im Rahmen des hier vorgestellten Konzepts davon aus, dass die jeweilige Organisation gesellschaftlich legitimiert ist – eine „license to operate" hat. Aus dieser Prämisse ergeben sich Rechte, z. B. der Entwicklung von Geschäftsmodellen, der Verfügung über Produktionsmittel, der freien Wahl von Kooperationspartnern usw. Damit verbunden hat die Organisation aber auch Pflichten, ihre Rechte im Einklang mit den Normen der Gesellschaft zu nutzen und insbesondere den legalen und legitimen Ansprüchen Dritter angemessen

Rechnung zu tragen – kurz: Jede Organisation hat Verantwortung.

Organisationen sind somit aus Sicht der Gesellschaft mögliche Adressaten von Forderungen rechtlicher oder moralischer Art. Nicht zuletzt darin liegt ein wesentlicher Wert ihrer Existenz für die Gesellschaft. Doch damit Organisationen diesen Forderungen in geordneter Weise nachkommen – oder sie ggf. auch begründet zurückweisen – können, muss dies buchstäblich organisiert werden. Führungskräfte stehen damit (auch) in der Verantwortung, diesen Forderungen in angemessener Form Rechnung zu tragen, d. h. im Rahmen ihrer Möglichkeiten die Struktur und das Bild der Organisation nach innen wie nach außen zu repräsentieren, zu gestalten und zu kommunizieren.

5. Einbettung II: Führung (in) einer Organisation geschieht unter Wettbewerbsbedingungen in der Gesellschaft

Die Gesellschaft setzt jeder Organisation rechtliche wie auch kulturelle Vorgaben als Rahmen. Mit Blick auf die eingangs erwähnte Globalisierung ist heute davon auszugehen, dass Führung es mit mehreren, teilweise sehr verschiedenen und evtl. auch sich widersprechenden Ordnungen des Rechts und der Kultur zu tun hat. Das ist für Unternehmen nicht zuletzt deshalb so folgenreich, weil diese Ordnungen den Rahmen für Wettbewerbsprozesse darstellen. Wettbewerb ist als universelles Phänomen anzusehen. Gemeint ist damit die Konkurrenz von mindestens zwei Wettbewerbern um die

Umso herausfordernder ist es, wenn Führung sich unter Wettbewerbsbedingungen bewähren muss, die nicht immer schon funktionierenden rechtlichen und kulturellen Ordnungen unterliegen, durch die Konflikte vermieden oder in akzeptabler Weise vorstrukturiert werden.

Kooperations- bzw. Tauschmöglichkeiten mit einem Dritten. Dieser Wettbewerb ist fundamentaler Bestandteil der Marktwirtschaft und durchdringt immer mehr gesellschaftliche Bereiche; Gesundheitssysteme werden ebenso wie Bildungssysteme zunehmend wettbewerblich organisiert. Doch nicht nur auf der Makroebene, sondern auch auf der Mikroebene ist Wettbewerb Alltag.

Führung ist unausweichlich in verschiedene solcher Konkurrenzprozesse eingebettet. Das betrifft die Führungskraft selbst, ebenso wie die von ihr Geführten, die evtl. untereinander konkurrieren, oder die Organisation, die sich im Wettbewerb befindet, und dies in aller Regel in mehrfacher Form/auf verschiedenen Ebenen (z. B. um Investoren, Kunden, Zulieferer, Mitarbeiter etc.). Dieser Punkt ist auch deshalb zu betonen, weil Wettbewerb grundsätzlich ambivalent ist: Er bringt Innovationen und Leistung hervor, führt aber auch zu einem Druck, der unverantwortliches Handeln begünstigen kann, z. B. durch Kurzfristorientierung, Kostenexternalisierung oder Realisierung von Gewinnen zulasten Dritter. Dies verweist

wiederum auf die Bedeutung der Einbettung des Wettbewerbs in Regelsysteme und Kulturen, deren Sinn nicht zuletzt darin liegt, diesen Wettbewerb in förderlicher Weise zu kanalisieren. Umso herausfordernder ist es, wenn Führung sich unter Wettbewerbsbedingungen bewähren muss, die nicht immer schon funktionierenden rechtlichen und kulturellen Ordnungen unterliegen, durch die Konflikte vermieden oder in akzeptabler Weise vorstrukturiert werden.

Dies gilt umso mehr, als ein Großteil der (betriebswirtschaftlichen) Literatur zur Führung von diesen Voraussetzungen abstrahiert bzw. sie als gegeben und unproblematisch annimmt. So gehen entsprechende Theorien in der Regel von einem gegebenen stabilen Rechtsrahmen, einem funktionierenden marktwirtschaftlichen System und der gesellschaftlichen Akzeptanz der jeweiligen Organisation(sform) aus. Diese Voraussetzungen sind indes heute oft nicht mehr ohne Weiteres gegeben: Es gibt sogenannte „failed states" oder hochkorrupte bzw. undemokratische Regierungen. Ebenso ist das Spektrum der Formen realer Marktwirtschaft und der Weisen, in denen Kooperation ebenso wie Wettbewerb stattfinden, weit.

Die Folge ist ein erheblicher Druck, der die Beachtung sozialer und ökologischer Standards bis hin zu Menschenrechten oft enorm erschwert. Dies und anderes führt (auch) dazu, dass immer mehr Menschen immer weniger Vertrauen in die Wirtschaft haben. Diese Tendenzen bedrohen die Grundlagen, auf denen eine nachhaltige Wirtschaft ruht. Denn Wirtschaft benötigt die Akzeptanz der

Gesellschaft ebenso wie eine institutionelle Ordnung, die auf den Gedanken des Privateigentums, des Vertrags- und Haftungsrechts beruht und dadurch unternehmerisches und effektives Organisationshandeln maßgeblich ermöglicht.

6. Grenzen: Gute Führung benötigt realistische Erwartungen und unterstützende Strukturen

Führungspositionen können mit unterschiedlich viel Macht ausgestattet sein. Doch in jedem Fall gilt, dass diese Macht Grenzen hat. Keine Führungskraft hat alles unter Kontrolle; und das ist angesichts der Möglichkeiten des Machtmissbrauchs ebenso wie der Produktivität von Arbeitsteilung und Delegation auch sinnvoll. Mehr noch: Zu den Grenzen, die es in einem Führungskonzept zu berücksichtigen gilt, gehören auch die Grenzen der Führungskraft selbst. Die hohen Erwartungen und Ansprüche, die an Führung gestellt werden, gipfeln nicht selten in Überforderungssituationen. Aber auch unrealistische Unter- oder Überschätzung der eigenen Handlungsmöglichkeiten sind häufige Folgen, die Grenzen zwischen visionärer Kraft und Hybris, zwischen gesunder Selbstwirksamkeitsüberzeugung und Narzissmus sind fließend.

Es wäre auch eine unangemessene Erwartung an Führungskräfte, dass sie uneigennützig tätig sind, d. h. ihr Wirken uneingeschränkt und ausschließlich am Wohl der Gesellschaft oder der Organisation ausrichten. Dies wäre eine Überforderung der Führungskraft als Mensch (s. o. Punkt 3). Führung muss anreizkompatibel sein,

Denn Wirtschaft benötigt die Akzeptanz der Gesellschaft ebenso wie eine institutionelle Ordnung, die auf den Gedanken des Privateigentums, des Vertrags- und Haftungsrechts beruht und dadurch unternehmerisches und effektives Organisationshandeln maßgeblich ermöglicht.

wenngleich zu betonen ist, dass gerade in diesem Zusammenhang die Bedeutung des Sinns (Purpose) der Führung immer auch über den eigenen unmittelbaren Vorteil hinausweist; es geht um (gesellschaftliche) „Zusammenarbeit zum *gegenseitigen* Vorteil" (Rawls 2000, 105).

Daraus folgt, dass einerseits realistische Erwartungen an Führung zu stellen sind, die ihrer Rolle und ihren Möglichkeiten, aber auch Begrenzungen angemessen Rechnung tragen. Dabei ist es ebenfalls Teil der Aufgabe von Führungskräften, diese Grenzen zu erkennen und auch kommunikativ glaubwürdig darstellen zu können, und zwar als Teil des Erwartungs- und Anspruchsmanagements.

Andererseits verweisen diese Einschränkungen auf die Bedeutung unterstützender Strukturen für gute Führung (Good Governance). Führungskräfte brauchen Entlastung nicht nur in Form der Delegation, sondern auch in Form der Begrenzung ihrer Verantwortlichkeiten sowie der verlässlichen Kontrolle und – positiven wie negativen – Sanktionierung ihres

Handelns als Unterstützung für sie selbst ebenso wie für die glaubwürdige Signalisierung ihrer Vertrauenswürdigkeit.

7. Gute Führung ist die bessere Alternative

Gute Führung ist heute sehr anspruchsvoll geworden und verlangt Führungskräften viel ab. Doch die Alternative –schlechte Führung – ist kostspielig für die Menschen, die jeweilige Organisation und die Gesellschaft. Das gilt im Alltag ebenso wie mit Blick auf das große Ganze. So kommt der Gestaltungsanspruch von Führung auch da zum Ausdruck, wo zunächst ohne sichtbare Nachteile natürliche Ressourcen zulasten der nachhaltigen Entwicklungsperspektive von zukünftigen Generationen genutzt werden. Historische Beispiele wie auch aktuelle Entwicklungen zeigen deutlich, dass die ökologischen Grenzen des Wachstums im globalen Kontext immer sichtbarer werden. Gute Führung antizipiert diese Entwicklungen und begreift die Transformation von Organisationen nicht nur als Herausforderung, sondern als Chance für Investitionen, deren Wertbeiträge allen Beteiligten (Individuum, Organisation, Gesellschaft) nachhaltig zugute kommen.

3. Modellstruktur

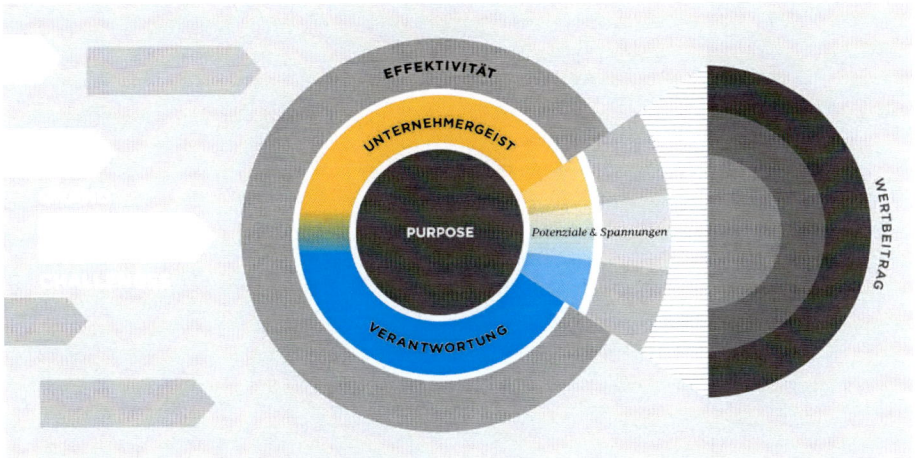

Führungskräfte agieren nicht freischwebend, sondern handeln im Rahmen einer
Organisation als übergeordnete Einheit.
Führung in einer Organisation geschieht
unter Wettbewerbsbedingungen in einem
sich dynamisch verändernden Umfeld.
Gesellschaftliches und wettbewerbliches
Umfeld werden durch Grand Challenges
bestimmt, denen sich Führungskräfte und
ihre Organisationen immer wieder neu
stellen müssen. Um diese komplexe Aufgabe im Wechselspiel von guter Führung
und gutem Management durchdringen
und bessere Orientierung vermitteln zu
können, gliedert sich das Leipziger Führungsmodell in die vier Modelldimensio-
nen „Purpose", „Unternehmergeist", „Verantwortung" und „Effektivität".

Der „Purpose" hebt die Zweck-Mittel-
Relation in der Führungsarbeit hervor,
d.h. die Frage nach dem Sinn und Zweck
von Entscheidungen und Handlungsanlei-
tungen, aber auch nach der Legitimation
eines Geschäftsmodells und eines Unternehmens als Ganzes.

Ein zentraler Schlüssel für erfolgreiche
Führung in Zeiten permanenten Wandels
ist die Erneuerungsfähigkeit von Mensch,
Organisation und Gesellschaft oder kurz:
der „Unternehmergeist". Er bestimmt
nicht nur den Erfolg von Start-ups, sondern gewinnt für die etablierten privaten
wie öffentlichen Unternehmen im Zeit-
alter der digitalen Transformation eine
immer wichtigere Bedeutung.

„Verantwortung" ist eine weitere grundlegende Dimension guter Führung, die als
Randbedingung der Verfolgung des jeweiligen Purpose Beachtung erfordert. Ein

Führung bedeutet, einen Beitrag zu einem größeren Ganzen zu leisten, den Dritte als sinn- und wertvoll erachten. Im Leipziger Führungsmodell misst sich die Führungsleistung konsequent am Wertbeitrag.

Prozesse. Führung bedeutet, einen Beitrag zu einem größeren Ganzen zu leisten, den Dritte als sinn- und wertvoll erachten. Im Leipziger Führungsmodell misst sich die Führungsleistung konsequent am Wertbeitrag. Mit der Idee des Wertbeitrages werden hier ganz unterschiedliche „Werte", wie finanziell-ökonomische, kulturelle, soziale und andere nicht-finanzielle Werte adressiert.

Purpose, der nicht verantwortlich realisiert werden kann, kann deshalb kein Gegenstand guter Führung sein.

Gute Führung muss den richtigen Weg („Effektivität") finden und ihn richtig (Effizienz) beschreiten lassen, um sinnvolle Ergebnisse mit knappen Mitteln im Wettbewerb zu erreichen. Die Effektivitätsdimension übersetzt damit verantwortliche, unternehmerische Entscheidungen in zielgerichtete Strategien, Strukturen und

Das Leipziger Führungsmodell beschreibt kein Idealmodell. Vielmehr eröffnet es Führungskräften die Möglichkeit, ihre realen Entscheidungssituationen und ihr Führungsverhalten proaktiv reflektieren zu können. Daher bilden die Potenziale und Spannungsfelder einen eigenen wichtigen Teil des Führungsmodells. Sie frühzeitig zu erkennen und sie verantwortlich zu nutzen, ist eine wesentliche Voraussetzung für den gelingenden Wertbeitrag und damit letztlich den Unternehmenserfolg.

Globalisierung, Digitalisierung und die Forderung ökologischer Nachhaltigkeit stellen Führung vor neue Herausforderungen. Daher ist die im Leipziger Führungsmodell vorgestellte Orientierung am „Purpose" der Organisation eine ausgezeichnete Richtschnur für eine Reflexion der vielen externen Einflüsse und Anforderungen und der Frage, wie intern damit umzugehen ist. Dies liefert gleichzeitig die nötige Begründung für Entscheidungen oder gewählte/ggfs. geänderte Strategien bei der Gestaltung der Zukunft. Unter der Voraussetzung, dass die Organisation so geführt wird, dass sie für gegenseitigen Respekt, Werte und Normen steht, wird auch eine im Sinne des Purpose begründete und notwendige Abkehr von früheren Strategien nicht als Bruch empfunden, sondern kann vermittelt und damit umgesetzt werden. Dies gibt der Organisation die nötige Stabilität und gleichzeitig Flexibilität.

Prof. Dr. Helga Rübsamen-Schaeff
AiCuris GmbH & Co. KG

4. Modelldimensionen

4.1 Purpose

Wer Leistung fordert, muss die Frage nach dem Purpose beantworten können. Eine motivierende Antwort auf die Frage nach dem Warum, dem Ziel und Zweck einer Arbeitsaufgabe, aber auch der Legitimation eines Geschäftsmodells, eines ganzen Unternehmens und letztlich der marktwirtschaftlichen Grundordnung insgesamt, war schon immer gefragt. In unserer Zeit wird dies jedoch zu einer der größten Führungsherausforderungen. „Noch mehr", „noch schneller", „noch besser" legitimiert immer weniger den Umgang mit begrenzten Ressourcen jedweder Art. Ein Führungsanspruch ohne überzeugende Antwort auf die Frage nach dem Beitrag zu einem größeren Ganzen läuft mehr denn je Gefahr, unglaubwürdig und willkürlich zu sein.

Mit der Idee des Purpose, der mehr und oft etwas anderes ist als der eigene Vorteil, rücken wir die Fragen nach dem Sinn und der Bedeutung, innerer Bejahung und äußerer Anerkennung von Führung ins Zentrum des Leipziger Führungsmodells. Wir möchten damit die Aufmerksamkeit von Führungskräften auf jene Stellhebel bei sich selbst und anderen lenken, die in einer komplexen Wirtschaftswelt das Entscheiden und Handeln begründen, eine Richtung vorgeben und dieses zu motivieren vermögen.

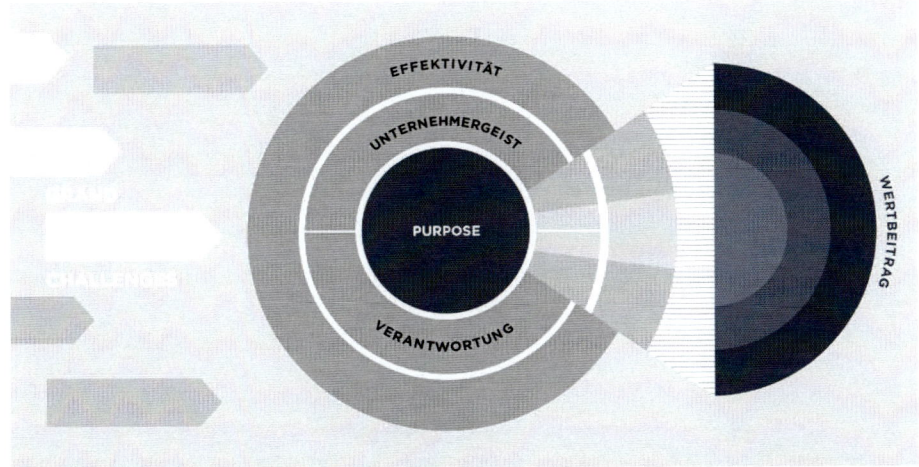

Das damit eröffnete Themenfeld reicht von individueller (Leistungs-)Motivation bis hin zu einem Ansatz unternehmerischen Erfolgs, der den Beitrag zum gesellschaftlichen Fortschritt im Blick behält. Für die damit angesprochenen komplexen Phänomene existiert in der deutschen Sprache kein isolierter Begriff, weshalb wir uns für die englische Begrifflichkeit entschieden haben. „Purpose" bildet demnach eine sprachliche Klammer für einen interdisziplinären Zugang zur Führungsthematik, der niemals abgeschlossen ist und offen bleiben muss für eine problembezogene Ausgestaltung. In der Logik des Purpose spiegelt sich ein Leistungsbild von Führung, die sich als Teil eines größeren Zusammenhanges erkennt und sich sowohl der Wirkmöglichkeiten als auch der zeitlich begrenzten sozialen Rolle („Macht auf Zeit", „geliehene Macht") bewusst ist.

Während in der Führungslehre über lange Zeit ein besonderer Fokus auf der Frage lag, *wie* Führungskräfte andere erfolgreich anleiten und führen können, sehen wir einen gestiegenen Bedarf, das *Warum* des Führungsanspruches zu thematisieren. In unserem Ansatz sind Führungskräfte gefordert, sich selbst und ihr Unternehmen in ihrer „gesellschaftlichen Funktion" (Drucker 1973) zu begreifen und diese mitzugestalten. Mit Hans Ulrich (1987) handelt es sich hierbei um eine vielfach „unverstandene Aufgabe". Diese Führungsperspektive ist von der Überzeugung getragen, dass nur durch einen deutlichen Leistungssprung im Umgang mit Sinn- und Wertfragen die großen Herausforderungen in Wirtschaft und Gesellschaft zu meistern sind. Erst über den als sinnvoll

erlebten Beitrag zu einem größeren Ganzen kann Führung Legitimität beanspruchen. Und: Führen mit Blick aufs Ganze bedeutet, den Menschen und die Gesellschaft (wieder) in den Mittelpunkt zu rücken.

Warum Purpose?

Rund um den Globus werden rasante technologische Entwicklungen verzeichnet, aber auch soziale Spannungen und politische Konflikte sowie ökologische Probleme sind sehr real und wirken in einer stark vernetzten Wirtschaftswelt praktisch in jeden Führungskontext hinein. Mehr denn je ist daher von Führungskräften Orientierungswissen gefragt, um in einer grundsätzlich nicht überschaubaren Welt kalkulierbare Wirkungen zu erzielen.

Eine Komplexitätsreduktion auf wenige Wahrheiten – sozusagen auf eine „Am-Ende-des-Tages-Philosophie" – kann sich rasch als fatal erweisen. Dies gilt ebenso für Zeitdiagnosen, die gesellschaftliche Entwicklungen der Gegenwart beschreiben: Wissensgesellschaft, Risikogesellschaft, Innovationsgesellschaft oder neuerdings auch Externalisierungsgesellschaft. Die Arbeitswelt und Unternehmensrealität sind zu vielfältig, um sie auf eine griffige Formel zu bringen: Es gibt nicht „die" Wirtschaft, so wie es nicht „den" Kapitalismus oder gar „die" gute Führung gibt.

Zum erfolgreichen Umgang mit Komplexität in einer VUCA-Welt (volatile, uncertain, complex, ambiguous) bietet insbe-

Die Konsequenzen eines ganzheitlichen Purpose-Denkens verändern den Blick auf Führung: In der Purpose-Logik wird die Rolle der Führungskraft als Teil eines nicht allein steuerbaren, kollektiven Prozesses definiert: Sie ist weder allmächtig noch hilflos.

sondere die praxisorientierte Literatur zu Führung eine Fülle tragfähiger Konzepte. Allerdings sehen wir eine Lücke in der systematischen Auseinandersetzung mit der Frage nach dem als wertvoll und sinnvoll erlebten Beitrag der Führung zu einem größeren Ganzen – dem „purposeful contribution". Purpose an sich ist weder „gut" noch „schlecht". Akzeptanz entsteht erst im verantwortlichen Handeln und muss sich in der Praxis bewähren. Über den legitimierten Beitrag zu einem größeren Ganzen (Purpose) kann Führung beanspruchen, „Wert" zu schaffen.

Eine konsequente Ausrichtung der Führungsarbeit am Purpose führt die Diskussion um die Zielfunktion nach dem Wozu unternehmerischen Handelns und organisationaler Wertschöpfung auf ihren Kern zurück: Die Wirtschaft steht im Dienst der Gesellschaft, hat in der Wachstumsperspektive die ökologischen Grenzen zu berücksichtigen und legitimiert sich durch ihren Beitrag zur gesellschaftlichen Stabilität und Fortentwicklung. Im Zusammenspiel zwischen Politik, Wirtschaft, Wissenschaft, Medien und allgemeiner Öffentlichkeit wird stets aufs Neue bestimmt, was dabei als wertvoll,

nützlich und nachhaltig gelten soll. Gute Führung bemisst sich daran, wie effektiv, verantwortungsvoll und unternehmerisch ein entsprechender Beitrag erreicht und damit ein „Purpose" realisiert wird.

Vertrauensverlust, Sinnerosion oder Legitimationsdefizit sind einige Stichwörter auf der Negativseite. Positiv gewendet geht es um Selbstverwirklichung, Leistungsmotivation, New Work und eine neue Sicht auf das Gemeinwohl. Die damit verbundenen Führungsanforderungen werden in unserem Modell auf drei Ebenen analysiert: auf der individuellen Ebene (Führung der eigenen Person), auf der organisationalen Ebene (Führung anderer im Unternehmen) und auf der Ebene der Gesellschaft (Führung im gesellschaftlichen Kontext).

1. Individuelle Ebene: Selbstführung

Die Frage nach dem Purpose beginnt bei der einzelnen Führungskraft. Ohne eigenen inneren Kompass und leidenschaftliche Überzeugung ist es unwahrscheinlich, sich selbst und andere zu Höchstleistungen zu führen. Die Forschung zeigt, dass den Einzelnen nichts stärker antreibt als eine als sinnvoll erlebte Aufgabe.

Der Philosoph Friedrich Nietzsche griff dieser empirischen Einsicht lange vor: „Hat man sein Warum des Lebens, so verträgt man sich fast mit jedem Wie." Die Quellen erlebter Sinnhaftigkeit der beruflichen Tätigkeit sind vielfältig. Neben finanziellen Anreizen, Statuserwerb und dem Wunsch, sich selbst weiterzuentwickeln und Neues zu lernen, spielt vor allem auch die Motivation, einen eigenen Beitrag zu leisten („to make a difference"), für Mitarbeiter und Führungskräfte gleichermaßen eine große Rolle.

Die Konsequenzen eines ganzheitlichen Purpose-Denkens verändern den Blick auf Führung: In der Purpose-Logik wird die Rolle der Führungskraft als Teil eines nicht allein steuerbaren, kollektiven Prozesses definiert: Sie ist weder allmächtig noch hilflos. Führungskräfte legitimieren ihre Ausübung von Macht und Einfluss über einen motivierenden Beitrag zum größeren Ganzen (Purpose), nicht über Rollen, Hierarchien oder Status. Eine in diesem Sinne dienende Führung („servant leadership") bedeutet nicht, berechtigte Eigeninteressen zurückzustellen. Sie bedeutet ebenfalls nicht, unreflektiert moralisch fragwürdige Mittel einzusetzen. Im Kern geht es vielmehr darum, sich als Führungskraft in schwierigen Situationen an einem übergeordneten Zweck auszurichten, der sich glaubhaft an etwas anderem als nur dem eigenen Vorteil bemisst und Entscheidungen nachhaltig zu legitimieren vermag. Die oftmals komplizierte Sinnfrage lässt sich immer dann bejahen, wenn mit dem eigenen Führungshandeln ein klares und motivierendes Wozu verbunden ist, das seine Bestätigung zumindest à la longue in Gemeinschaft und Gesellschaft erfährt.

Im Konzept der transformationalen Führung (Bass 1985, Burns 1978) wird genau dieser Aspekt der Führungsarbeit aufgenommen, die eigene Lage im Tagesgeschäft zu reflektieren und sich bei aller Detailorientierung an einem übergreifenden Zweck auszurichten. Eine gute

Die oftmals komplizierte Sinnfrage lässt sich immer dann bejahen, wenn mit dem eigenen Führungshandeln ein klares und motivierendes Wozu verbunden ist, das seine Bestätigung zumindest à la longue in Gemeinschaft und Gesellschaft erfährt.

Führungskraft braucht zunächst eine klare persönliche Zielausrichtung, ein Warum. Wie soll sie andere motivieren können, wenn der eigene Kompass nicht funktioniert? Selbstführung bedeutet daher eine bewusste Entscheidung für einen Purpose und dessen konsistente Umsetzung. Für viele Führungskräfte ist dies eine der schwierigsten Anforderungen überhaupt: Sich der eigenen Motive und Stärken bewusst zu werden („Erkenne Dich selbst") und diese konsequent und authentisch zu verfolgen („Werde, der Du bist"; „Sei Du selbst"). Die Suche nach dem Sinn und Wert, der Bedeutung des eigenen Beitrages, ist zudem niemals abgeschlossen, denn gerade aus diesem sukzessiven Orientierungsprozess erwachsen Prinzipien, die Klarheit und Konsistenz des Entscheidens und erfolgreiches Handeln begründen können.

2. Organisationsebene:
Führen im Unternehmen

Eine am Purpose orientierte Haltung kann vorgelebt, aber nicht vorgeschrieben werden. Sie entsteht in organisationalen Beziehungsgefügen, die eine Führungskraft beeinflussen, aber nicht unmittelbar steuern kann. Die Idee des Purpose verknüpft individuelle und kollektive Ziele miteinander und ermöglicht eine gemeinsame Zielausrichtung.

Ein als sinnvoll erfahrener Purpose ist die Quelle und in der Umsetzung das Ergebnis jeder organisationalen Wertschöpfung. So wie eine neue Geschäftsidee sich auf ihren Zweck und ihren gesellschaftlichen Nutzen hinterfragen lassen muss, wird jede effektive Wertschöpfung erst durch Wertschätzung zu einem „Wert". Mit der Fokussierung auf den Purpose nehmen wir einerseits viele Entwicklungslinien der Wirtschaftswelt auf, in der es keine dauerhaften Gewissheiten gibt. Andererseits ist die Orientierung auf Ziele und Zwecke unternehmerischen Handelns von jeher zentraler Bestandteil einer Führungstheorie, die für die Praxis wirksam sein möchte.

Für Chester Barnard (1938), einen der Begründer der Managementlehre, war klar, dass eine Organisation nur dann überleben kann, wenn sie einen gemeinsam

Die Suche nach dem Sinn und Wert, der Bedeutung des eigenen Beitrages, ist zudem niemals abgeschlossen, denn gerade aus diesem sukzessiven Orientierungsprozess erwachsen Prinzipien, die Klarheit und Konsistenz des Entscheidens und erfolgreiches Handeln begründen können.

getragenen Purpose besitzt, und dass es Aufgabe der Führungskräfte ist, für einen solchen zu sorgen bzw. diesen immer wieder anzupassen. Purpose als gemeinsame Zielausrichtung ist in dieser Denkweise das Koordinationsprinzip schlechthin, um Kooperation und damit organisationale Wertschöpfung zu ermöglichen. Die gemeinsame Antwort auf die Beitragsfrage ermöglicht geteilte Interpretationen von Ereignissen, setzt diese in Beziehung und kann in Konfliktsituationen den Beteiligten eine gemeinsame Basis bieten.

Purpose ist nicht statisch, sondern beständiger Teil der Führungsarbeit. Er wird aktiviert und verändert sich in der ständigen Anpassung und Gestaltung der Umwelt. Was jeweils den Purpose ausmacht, ist in der konkreten Führungssituation kollektiv festzulegen bzw. wird durch die Führungsrolle definiert. Sobald ein Purpose in der Umsetzung andere Menschen betrifft, wird die soziale Akzeptanz zu einer notwendigen Bedingung, um die Einflussnahme auf Dritte zu rechtfertigen. Eine konkretisierende Ausgestaltung erfährt der Purpose dann zum Beispiel in der Mission und Vision eines Unternehmens. Die bisherigen Instrumente der Unternehmensführung erfahren dadurch eine neue Qualität bzw. werden expliziter auf Purpose-Qualitäten hinterfragt und ausgerichtet.

3. Kontext: Führen im gesellschaftlichen Umfeld

In einer Wirtschaftswelt mit Wertschöpfungsketten, die selbst für Experten zu komplex geworden sind, um sie in wenigen Sätzen verständlich zu machen, sind Kunden, Investoren, die Politik und die breite Öffentlichkeit darauf angewiesen, dem Unternehmen zu vertrauen. Mehr denn je werden Unternehmen zukünftig auch die zunehmend spürbaren Grenzen des ökologischen Systems in ihren Entwicklungsperspektiven berücksichtigen müssen. All dies erfordert eine Zwecksetzung, von der die Gesellschaft annehmen darf, dass sie dieser zuträglich ist. Ein solcher Existenzgrund benötigt neben unternehmerischen Argumenten heutzutage mehr denn je auch moralische und politische Legitimationen des gesellschaftlichen Umfeldes. Ein Purpose ohne diese breite Verankerung ist schwer vorstellbar.

Firmen existieren nicht allein deshalb, weil sie effizienter Produkte und Dienstleistungen produzieren als der Markt es könnte. Ihre Existenz begründet sich auf einer grundsätzlicheren Ebene aus einem gesellschaftlichen Rückhalt, einer glaubwürdigen und belastbaren öffentlichen Wertschätzung für den gesellschaftlichen Nutzen (Public Value), den ein Unternehmen stiftet. Public Value bezeichnet den Wertbeitrag und Nutzen, den eine Organisation für eine Gesellschaft erbringt und damit zum Gemeinwohl beiträgt. „Public Value wird erst dann geschaffen oder zerstört, wenn das individuelle Erleben und Verhalten von Personen und Gruppen so beeinflusst wird, dass dies stabilisierend oder destabilisierend auf Bewertungen des gesellschaftlichen Zusammenhalts, das Gemeinschaftserleben und die Selbstbestimmung des Einzelnen im gesellschaftlichen Umfeld wirkt" (Meynhardt 2015 und 2016a). Die damit verbundene

„license to operate" kann schnell verspielt werden, wenn die Überzeugung schwindet, dass das Geschäftsmodell oder die Managementpraktiken nicht im Einklang mit den Werten und Normen einer Gesellschaft stehen und dem größeren Ganzen dienen (Public Value bzw. Gemeinwohl).

Es ist eine große zivilisatorische Errungenschaft, dass in einer freiheitlichen Ordnung die Menschen sich ihre Zwecke selbst setzen können und diese nicht von oben herab verordnet werden. Ohne einen breiten Konsens über die Voraussetzungen einer funktionierenden Gesellschaft kann diese jedoch nicht überleben und der Einzelne sich nicht entwickeln (Meynhardt 2016b). In dem Spannungsfeld zwischen Autonomie und Subsidiarität auf der einen Seite und den Notwendigkeiten einer effektiven Koordination menschlicher Arbeitstätigkeit (Wertschöpfung) auf der anderen Seite liegt auch ein Potential: Der Ausgleich zwischen individuellen und kollektiven Interessen über eine gemeinsame Zielausrichtung (Purpose).

Es ist eine große zivilisatorische Errungenschaft, dass in einer freiheitlichen Ordnung die Menschen sich ihre Zwecke selbst setzen können und diese nicht von oben herab verordnet werden. Ohne einen breiten Konsens über die Voraussetzungen einer funktionierenden Gesellschaft kann diese jedoch nicht überleben und der Einzelne sich nicht entwickeln (Meynhardt 2016b).

Mit Blick auf das gesellschaftliche Umfeld sieht Philip Selznick (1957/1984) eine zentrale Führungsaufgabe darin, eine Organisation zu einer Institution zu entwickeln, die für Werte und Normen steht („institutional embodiment of purpose"). Eine Organisation überlebt dann, wenn es ihr gelingt, sich zu einer Institution zu entwickeln, die sich bei allem Wandel auf einen sie charakterisierenden unverwechselbaren Kern (Identität) beziehen kann. Die Balance zwischen Kontinuität und Wandel wird durch einen legitimen Zweck ermöglicht, der die Vergangenheit mit der Gegenwart und der angestrebten Zukunft verbindet.

Den Prozess der Institutionalisierung beschreibt Selznick so: „To ,institutionalize' is to *infuse with value* beyond the technical requirements of the task at hand. The prizing of social machinery beyond its technical role is largely a reflection of the unique way in which it fulfills personal and group needs" (1957/1984, 17). Diese Perspektive bekommt – mehr als ein halbes Jahrhundert nach Erstveröffentlichung des Buches – ein noch stärkeres Gewicht angesichts der Veränderungsanforderungen, mit denen sich Unternehmen heute mit Blick auf ihren Beitrag zum Gemeinwohl (Public Value) konfrontiert sehen.

4. Die Rolle des Purpose im Leipziger Führungsmodell

In Erweiterung einer Wirkungs- und Resultatorientierung der Führung zielt die Frage nach dem Purpose auf eine stärkere Reflexion der Zweck-Mittel-Relation in der Führungsarbeit. Sie steht im Mittelpunkt unseres Modells und zieht sich als handlungsleitende Idee durch alle angesprochenen Dimensionen. In der Effektivitätsdimension geht es darum, *was* tatsächlich mit welchen Aktivitäten getan wird, um den Purpose zu realisieren. Das *Wie* der Umsetzung wird in den Dimensionen „Verantwortung" und „Unternehmergeist" thematisiert.

Der Purpose-Ansatz ist schließlich insofern funktional, als Handlungen, Prozesse und Strukturen auf ihren Beitrag zu einem sinnvollen und verständlichen Gesamtzusammenhang und Wert hinterfragt werden. Gute Führung bedeutet dann, diese Bezüge für sich selbst, in der Organisation und im gesellschaftlichen Umfeld glaubwürdig und motivierend herzustellen.

4.2 Unternehmergeist

1. Erneuerungsfähigkeit von Mensch, Organisation und Gesellschaft als Schlüssel für nachhaltige Entwicklung

Die Neugierde und Kreativität des Menschen und seine Fähigkeit zur Rekombination vorhandenen Wissens und zum experimentellen Lernen bei gleichzeitigem Antrieb zur Verbesserung seiner Lebensbedingungen befördern seit Menschengedenken die Erfindung und Verbreitung neuer Produkte, Dienstleistungen und Prozesse sowie deren ständige Fortentwicklung.

Im Zuge der industriellen Revolution verkürzten sich die Zyklen grundlegender Neuerungen und fortlaufender Verbesserungen erheblich. Zugleich setzten sich Neuheiten aufgrund verbesserter Nachrichtenübertragungs- und Transportmöglichkeiten schneller auf den

internationalen Märkten durch. Zudem gelang es Innovatoren in wachsendem Maße, neue Ideen auch ohne eigenes Kapital in großem Stil Wirklichkeit werden zu lassen. Dies beschleunigte die Veränderungsprozesse und führte zu der von Joseph Schumpeter in seiner Theorie der wirtschaftlichen Entwicklung (1912) so bezeichneten „schöpferischen Zerstörung" vorhandener Produkte, Organisationen und Märkte.

Die von ihm im Lichte der seinerzeitigen ökonomischen Veränderungen formulierte Theorie von Innovation und Unternehmertum hat mehr als einhundert Jahre später nichts an Aktualität verloren, ganz im Gegenteil: In Zeiten sich überlappender und wechselseitig verstärkender vierter industrieller und zweiter informationeller Revolution ändern sich die Bedingungen für die Hervorbringung und Umsetzung neuer Ideen erneut grundlegend. Immer

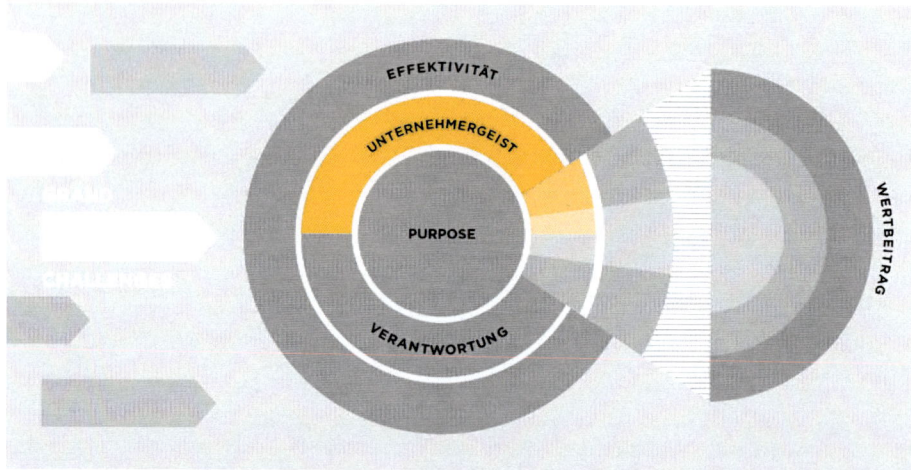

In dem Maße, indem es gelingt, möglichst flexible und hinreichend liquide Strukturen zu schaffen und ein hohes Maß an Lernorientierung zu entfalten, wird es jungen wie etablierten Unternehmen gelingen, sich in Zeiten permanenten Wandels auf ihren jeweiligen Märkten zu behaupten.

schneller und wirkmächtiger vermögen es junge Start-ups mit interdisziplinären Teams und hohem Venture-Capital-Einsatz neue Technologien und Geschäftsmodelle in kürzester Zeit global auszurollen und etablierte Unternehmen disruptiv herauszufordern. Letzteren drohen dadurch nicht nur Kunden und agile Mitarbeiter, sondern ihre Geschäftsmodelle insgesamt abhanden zu kommen. Dies stellt die Unternehmensführung vor die Herausforderung, sowohl die inkrementell wirksamen Wandlungskräfte der Organisation zu stärken als zugleich auch die Bereitschaft zu erhöhen, erfolgreiche Geschäftsmodelle frühzeitig zu hinterfragen und radikalen Wandel zu wagen. In immer kürzeren Zeitabständen muss eine Führungskraft dabei aus einer wachsenden Zahl von Lösungsalternativen wählen und Entscheidungen unter erhöhter Unsicherheit treffen, um die Organisation an das dynamische Wettbewerbsumfeld anzupassen. Der gestiegenen Geschwindigkeit, in der das Neue entsteht, sowie der gewachsenen Komplexität der Führungsaufgabe kann am besten begegnet werden, indem möglichst viel Wissen und Lernvermögen jedes Einzelnen für die Organisation nutzbar gemacht wird. In

dem Maße, indem es gelingt, möglichst flexible und hinreichend liquide Strukturen zu schaffen und ein hohes Maß an Lernorientierung zu entfalten, wird es jungen wie etablierten Unternehmen gelingen, sich in Zeiten permanenten Wandels auf ihren jeweiligen Märkten zu behaupten. Auf diese Weise und durch einen überzeugenden Purpose kann die erforderliche Stabilität der Organisation und ihre Nachhaltigkeit gewährleistet werden.

Daraus erwachsen neue Anforderungen an die Lern- und Erneuerungsfähigkeit von Mensch und Organisation (Innovativität) und die innovative Kapazität des ökonomischen Systems. Darüber hinaus müssen die handelnden Akteure zu einem fortlaufenden inkrementellen wie auch transformationalen Wandel im Sinne eines „Management of Permanent Change" (Albach et al. 2015) fähig und bereit sein. Angesichts einer rasant wachsenden Weltbevölkerung und einer vielfach zu beobachtenden Übernutzung der ökologischen Lebensgrundlagen ist es zudem Aufgabe guter Führung, die Kreativität von Individuen, Organisationen wie auch der Gesellschaft insgesamt noch besser zu nutzen, um den Fortschritt und Wandel mit nachhaltigen Entwicklungsperspektiven zu koppeln.

2. Warum es mehr Unternehmertum braucht

In Zeiten immer kürzerer Innovationszyklen gewinnt Unternehmertum auch für bestehende Organisationen wachsende Bedeutung. Kreativität, Eigeninitiative und Risikobereitschaft von Führung und

Der Erfolg des Wandels wird letztlich davon bestimmt, inwieweit die Chancen unternehmerischer Führung im gesamten Innovationssystem genutzt und die Weichen in den Bereichen Infrastruktur, Wissens- und Technologietransfer sowie Innovations- und Wirtschaftsförderung mutig gestellt werden.

Mitarbeitern werden zum Schlüssel für die Überlebensfähigkeit von Organisationen im ständigen Wandel. Peter Drucker hat dies einmal auf die einfache Formel gebracht: „Entrepreneurs innovate" (Drucker 2004). Zunehmend verschwimmen die Grenzen zwischen Start-ups und etablierten Unternehmen, und Entrepreneurialism wird zum durchgängigen Prinzip. Dies gilt für Unternehmen ebenso wie für öffentliche und Non-Profit-Organisationen. Der Erfolg des Wandels wird letztlich davon bestimmt, inwieweit die Chancen unternehmerischer Führung im gesamten Innovationssystem genutzt und die Weichen in den Bereichen Infrastruktur,

Wissens- und Technologietransfer sowie Innovations- und Wirtschaftsförderung mutig gestellt werden.

Die informationelle Revolution wirkt dabei nicht nur als Problemverstärker sondern auch als Problemlöser. So eröffnet die Digitalisierung den Organisationen bessere Möglichkeiten, sich auf Veränderungen flexibel einzustellen und die Transaktionskosten weiter zu reduzieren. Die Digitalisierung erlaubt den schnellen Austausch von Informationen, Dingen und Werten nicht mehr nur innerhalb klar gegliederter Wertketten und in hierarchischen Strukturen, sondern auch in flexiblen internen und externen Wertnetzen. Durch die Vernetzung mit einem erweiterten Kreis von Marktteilnehmern und -beobachtern ergibt sich für Organisationen im Spannungsfeld von Markt und Koordination ein Kontinuum flexibler Gestaltungsformen und Grenzziehungen (Picot, Reichwald und Wigand 2008). Gleichzeitig eröffnen sich neue Möglichkeiten zur Einbindung von Mitarbeitern, Kunden und Kooperationspartnern aus Wirtschaft und Wissenschaft bis hin zur interessierten Öffentlichkeit (Crowdsourcing) in den Innovations- und Veränderungsprozess im Sinne der Open Innovation (Chesbrough

„Führung neu denken", „Licence to operate" und „verantwortliche Führung" sind für mich die drei Schlüsselbegriffe, die das neue Leipziger Führungsmodell nicht nur proklamiert, sondern mit dem ernsthaften Bemühen nach dem „Warum, Was und Wie" guter Führung auch überzeugend begründet. Digitalisierung und ständiger Wandel fordern gute Führung heute massiv heraus – mit diesem neuen Ansatz ist die HHL tatsächlich zu einem Schrittmacher für ein ganzheitliches Führungsverständnis geworden.

Prof. Dr. Burkhard Schwenker
Roland Berger GmbH

2003) und der Demokratisierung von Innovation (von Hippel 2005). Dabei sehen
sich am Markt etablierte und in enge
Wertketten eingebundene Unternehmen
vielfach vor das Problem der Pfadabhän-
gigkeit gestellt (Sydow 2015). Einmal er-
zielte Erfolge werden durch eine auf Effizienz und inkrementelle Verbesserungen
ausgerichtete Führung sowie wachsende
Marktmacht verteidigt, während radikale
Veränderungen vielfach als zu riskant be-
wertet und tendenziell gemieden werden.
Auf diese Weise gerät der bisherige Erfolg
von Organisationen zur Quelle künftigen
Scheiterns. Wie schwer es einst erfolgreichen Unternehmen fällt, dem gestiegenen
Veränderungsdruck durch proaktive Innovationsorientierung zu begegnen, lässt
sich anhand des amerikanischen S & P-In-
dex der 500 erfolgreichsten Unternehmen
ablesen. Betrug die durchschnittliche Ver-
bleibrate der 500 nach ihrem Börsenwert
größten US-amerikanischen Unternehmen im S & P 500 Index 1958 noch 61 Jahre,
halbierte sie sich bis 1980 auf 35 Jahre und
weitere zwei Jahrzehnte später noch einmal auf 18 Jahre (Innosight 2012). Diese
Statistik unterstreicht das Erfordernis
etablierter Organisationen, nicht nur die
kulturellen und organisatorischen Voraussetzungen für inkrementelle Innovationen
und kontinuierlichen Wandel zu schaffen,
sondern darüber hinaus auch radikale
Neuerungen hervorzubringen und transformationalen Wandel zu gestalten. Ebenso müssen schnell wachsende Start-ups
darauf achten, dass sie trotz der notwendigen Skalierung ihres Geschäftsmodells
und der Belieferung einer wachsenden
Zahl von Kunden ihre Fähigkeiten zur
Entdeckung und Realisierung neuer Ideen
pflegen und weiterentwickeln.

3. Einflussgrößen unternehmerisch orientierter Innovativität

Während Innovation als Prozess von der
Idee bis zu der von Kunden wertgeschätz-
ten neuen Leistung aufgefasst wird und
sich etwa nach der Anzahl und dem Neu-
igkeitsgrad der am Markt verkauften neu-
en Produkte und Dienstleistungen bemisst, umfasst die Innovativität im enge-
ren Sinne sämtliche kulturellen Faktoren
und sozio-technischen Fähigkeiten zur
Hervorbringung oder Anpassung von Neuheiten und deren Umsetzung in einer Organisation. Innovativität wird hier sowohl
als Grad der Offenheit gegenüber Neuem
sowie als Maßstab für die Innovationsorientierung einer Organisation verstanden.
Bei der Innovativität einer Organisation
handelt es sich mithin um ein mehr-
dimensionales Konstrukt unterschiedlicher verhaltensbezogener und organisa-
torischer Einflussgrößen.

Der entrepreneurialistischen Sicht folgend, geht das Leipziger Führungsmodell von einem erweiterten Konzept der
Innovativität im Sinne einer unternehmerisch orientierten innovativen Unternehmensführung aus. Hierzu fließen
die Dimensionen der Proaktivität, der
Ambiguitätstoleranz, der Ambidextrie
sowie der Risikobereitschaft in ihren
konzeptionellen Rahmen mit ein. Dieser erweiterte Ansatz will über die
Innovativität im erweiterten Sinn hinaus die Bereitschaft und Fähigkeit von
Organisationen erhöhen, grundlegende
Neuerungen proaktiv zu erkennen, zu
entwickeln und trotz erheblicher Unsicherheiten frühzeitig und gegebenenfalls.
auch parallel zu bisherigen Aktivitäten

umzusetzen. Es wird davon ausgegangen, dass grundlegende Neuerungen im Sinne des Gegenstromverfahrens sowohl von der Unternehmensführung als auch von den Mitarbeitern angestoßen und vorangetrieben werden können. Dies kann auch durch Ein- oder Ausgliederung von neuen Geschäftseinheiten auf dem Wege eines Spin-in oder Spin-off geschehen. Hierzu bedarf es angesichts steigender Komplexität vermehrt hybrider Kompetenzen bei den Führungskräften. Neben fachlicher Tiefe und hinreichender Breite des Führungs-Knowhows erweist sich ein eingehendes Verständnis der durch die Digitalisierung entstehenden neuen Möglichkeiten, wie etwa der umfassenden Informationsgewinnung und -analyse, und den neuen Gefährdungen, wie etwa durch Datenmissbrauch und Cyber-Kriminalität, als unverzichtbar (acatech 2016).

Mit Hilfe eines überzeugenden Purpose und durch die proaktive Einbeziehung von Mitarbeitern, Kunden und anderen Stakeholdern in den Innovations- und Changeprozess bei gleichzeitiger Unterstützung und Anerkennung ihrer innovativen Leistungen kann das Innovations- und Changeverhalten von Individuen und Organisationen positiv beeinflusst und die Rolle der Mitarbeiter als Intrapreneure gestärkt werden. Unternehmerische Innovativität bedeutet, Entscheidungsträgern im Unternehmen die Lizenz zu geben, Bewährtes in Frage zu stellen, Experimente zu wagen und sich auf der Suche nach besseren Lösungen gegenüber Dritten zu öffnen und Risiken einzugehen. Diese vielfach bei Start-ups anzutreffenden Eigenschaften bedürfen intensiver Pflege im Zuge des Wachstums sowie der Reife von

Unternehmen. Sie lassen sich hingegen nur sehr eingeschränkt in bereits bestehende etablierte Organisationen implementieren. Dies setzt in aller Regel einen sehr grundlegenden Kulturwandel voraus.

3.1 Verhaltensbezogene Einflussgrößen

Zu den verhaltensbezogenen Einflussgrößen unternehmerisch orientierter Innovativität zählen zum einen die Kreativität und Aufgeschlossenheit jedes Einzelnen gegenüber neuen Erkenntnissen und Ideen, der Wunsch, Neues zu schaffen und am Markt durchzusetzen, sowie der Wille und die Bereitschaft zum (permanenten) Wandel. Zum anderen treten unternehmerische Aspekte wie die Proaktivität, die Ambiguitätstoleranz und die Risikobereitschaft von Führungskräften hinzu.

„DNA des Innovators"
Zur „DNA eines Innovators" zählen zum einen die Courage, den Status quo anzuzweifeln und Risiken auf sich zu nehmen, zum anderen gehört dazu die Fähigkeit, Neues zu entdecken, indem vorhandene Verhaltensmuster und Problemlösungen beobachtet und hinterfragt werden. Auch die Begeisterung zum Experiment und die Fähigkeit, sich mit anderen zu vernetzen und vorhandenes Wissen gedanklich zu Neuem zusammenzubringen, sind entscheidend (Dyer, Gregersen und Christensen 2011). Jedes Individuum in einer Organisation hat ein Verständnis für kreative Problemlösungen und könnte einen aktiven Innovationsbeitrag leisten (De Boer, Van den Bosch und Volberda 1999). Dabei bietet die intrinsische Motivation bereits starke Werkzeuge, um bessere Resultate

in einer kreativen und innovativen Umwelt zu erzielen. „Innovation has nothing to do with how many R&D dollars you have ... it's not about money. It's about people you have, how you're led, and how much you get it." (Jobs 1998)

Führungskräfte geben Mitarbeitern daher idealerweise Zeit kreativ zu arbeiten, und würdigen innovative Leistungen in allen Teilen der Organisation. Sie schaffen hierzu eine Kultur der Agilität, Kreativität und Innovation. Dabei haben sich vielfach besondere Verhaltensmuster herausgebildet. So setzt Google auf flache Organisationsstrukturen mit kleinen flexiblen Teams, die sich aus hervorragenden Talenten zusammensetzen, alles in Frage stellen können und mit hoher Offenheit und Transparenz arbeiten. „Google is like an extension of graduate school: similar kinds of people, similar kinds of crazy behavior, but people were incredibly smart and highly motivated [...] a culture of people who felt that they could build things [...]." (Schmidt 2009) Und die junge, in über 50 Ländern bereits sehr erfolgreiche Reiseplattform *trivago* verzichtet bei ihren über 1.200 Mitarbeitern gleich ganz auf die Unterscheidung in Arbeits- und Freizeit sowie feste Urlaubsregelungen. *trivago*-Co-Gründer und CEO Rolf Schrömgens sieht in derart

Führungskräfte geben Mitarbeitern daher idealerweise Zeit kreativ zu arbeiten, und würdigen innovative Leistungen in allen Teilen der Organisation. Sie schaffen hierzu eine Kultur der Agilität, Kreativität und Innovation.

flachen und liquiden Organisationsformen die besten Voraussetzungen, um einen möglichst engen Informationsaustausch zu pflegen und durch schnelles Lernen die eigene Wettbewerbsfähigkeit gezielt zu stärken (Schrömgens 2016).

Eigeninitiative und Autonomie

Führungskräfte in von Unternehmergeist getragenen Organisationen pflegen idealerweise eine offene Kommunikation und einen partizipativen, auf enge Zusammenarbeit ausgerichteten Führungsstil. Sie vertrauen ihren Mitarbeitern und geben ihnen hinreichende Autonomie und Freiräume für kreatives Arbeiten. Sie sind aufgeschlossen gegenüber neuen Ideen und unterstützen deren Entwicklung durch konstruktives Feedback anstelle frühzeitiger Vorfestlegung. Sie beteiligen die Mitarbeiter aktiv am Evaluierungs- und

Effektive Führung bedeutet für mich, auf Basis von Werten und einer Vision Entscheidungen zu treffen und zu kommunizieren, diese mutig und entschlossen umzusetzen und immer wieder auf die Gegebenheiten anzupassen. Das neue Leipziger Führungsmodell liefert einen wertvollen Leitfaden, diese Prinzipien systematisch in der Praxis umzusetzen.

Martin Schlichte
Gründer und CEO Lecturio GmbH

Führungskräfte nutzen das innovative Potenzial ihrer Mitarbeiter, indem sie lernen zuzuhören und aktiv nach Vorschlägen zu fragen. Sie loben Mitarbeiter, die erfolgreich umgesetzte Ideen eingebracht und Risiken auf sich genommen haben.

Entscheidungsprozess und unterstützen die Umsetzung durch Einbeziehung aller Stakeholder in den Innovationsprozess.

Proaktivität

Angesichts der schnellen Wissensausbreitung und einer rasch voranschreitenden Diffusion von Innovationen bekommt die bis zum Markteintritt verbrauchte Zeit einen immer größeren Stellenwert für den Erfolg von Innovationen. Je kürzer die Innovationszyklen werden, desto mehr tritt die Bedeutung von Patenten hinter jener des sogenannten Time-to-Market zurück. Umso wichtiger wird das Vorhandensein von Schumpeter-Entrepreneuren nicht nur an der Spitze einer Organisation und in der F & E-Abteilung, sondern ebenso auf den unterschiedlichen Ebenen der Organisation und den unterschiedlichen Stufen des Innovationsprozesses, um neue Trends und Problemstellungen frühzeitig aufzuspüren und neue Problemlösungen schnell zu entwickeln und vermarktungsfähig zu gestalten. Dies bezieht sich sowohl auf die frühzeitige Einbeziehung von neuen Erkenntnissen der Grundlagenforschung wie auch auf den schnellen Transfer zu neuen Problemlösungen etwa mit

Hilfe des Design-Thinking- oder Lean-Entrepreneurship-Ansatzes. Zur Proaktivität gehört auch die Fähigkeit, sich vom „Not-Invented-Here"-Syndrom zu lösen und alle extern verfügbaren Technologien und Fähigkeiten in die Entwicklung eines neuen Produktes, Prozesses oder Geschäftsmodells mit einzubeziehen und die Imitation als Teil des umfassenden Innovationsverständnisses zu betrachten. Hierzu bedarf es einer überzeugenden Balance zwischen Invention und kreativer Imitation. Schließlich kann Proaktivität im positiven Falle helfen, negative Externalitäten frühzeitig zu erkennen und ihnen wirksamer zu begegnen, um Mensch und Umwelt vor Gefahren besser zu schützen. Im ungünstigen Falle kann Proaktivität auch entgegengesetzten Entwicklungen führen.

Ambiguitätstoleranz

Angesichts der fortschreitenden Wissensexplosion sehen sich Führungskräfte häufiger mit mehrdeutigen Informationen konfrontiert. Sie müssen auf der Grundlage vieler zum Teil widersprüchlicher Informationen Entscheidungen treffen und etwa bei der Einführung neuer Produkte, Prozesse oder Geschäftsmodelle widerstreitende Interessen überwinden. Um dies tun zu können, hilft Entscheidern eine ausgeprägte individuelle Ambiguitätstoleranz als Persönlichkeitseigenschaft.

Bereitschaft, Fehler zu machen und Risiken einzugehen

Führungskräfte nutzen das innovative Potenzial ihrer Mitarbeiter, indem sie lernen zuzuhören und aktiv nach Vorschlägen zu fragen. Sie loben Mitarbeiter, die erfolgreich umgesetzte Ideen eingebracht und Risiken auf sich genommen haben. Sie schaffen eine Kultur, die Fehler akzeptiert und aus diesen lernt. Sie fördern das Out-of-the-Box-Denken und sind bereit, selbst Risiken einzugehen und dafür auch die Verantwortung zu übernehmen.

3.2 Organisationsbezogene Einflussgrößen

Technologische Kapazität
Um Neuerungen in Organisationen frühzeitig erkennen, entwickeln und umsetzen zu können, bedarf es auf organisationaler Ebene des Aufbaus einer hinreichend innovativen Kapazität. Dabei handelt es sich zunächst um die technologische Kapazität, die in Form geeigneter organisatorisch-technischer, personeller und sachlicher Ausstattung bereitgestellt werden muss. Soweit damit in einem Unternehmen die F & E-Abteilung gemeint ist, sollte sie möglichst global vernetzt agieren und ein hohes Maß an Offenheit und Austausch zwischen den unterschiedlichen Unternehmensbereichen sowie den sonstigen Stakeholdern pflegen.

Organisationale Ambidextrie
Während innovative Start-ups im Interesse schnellen und nachhaltigen Wachstums lernen müssen, effiziente Strukturen und Prozesse zu entwickeln und aufzubauen, um ihre grundlegenden Neuerungen erfolgreich am Markt durchsetzen und gegenüber bestehenden und neuen Wettbewerbern verteidigen zu können, müssen sich etablierte Unternehmen ihre Fähigkeit zu grundlegendem Wandel durch radikale Innovation bewahren.

Im Zuge der Unternehmensentwicklung erfordert unternehmerische Innovativität eine ständige Balance zwischen dem Hervorbringen von Inventionen (Exploration) und der möglichst effizienten und effektiven Umsetzung bewährter Produkte und Prozesse (Exploitation).

Im Zuge der Unternehmensentwicklung erfordert unternehmerische Innovativität eine ständige Balance zwischen dem Hervorbringen von Inventionen (Exploration) und der möglichst effizienten und effektiven Umsetzung bewährter Produkte und Prozesse (Exploitation). Es erfordert die Bereitschaft und Fähigkeit von Organisationen zum phasenbezogenen Nebeneinander von alten und neuen Paradigmen und Kulturen, sei es innerhalb derselben organisatorischen Einheit oder durch Auslagerung in andere Organisationsbereiche bzw. neue parallele Organisationen.

Verzahnung von Markt-, Lern- und Innovationsorientierung
Empirische Studien haben den positiven Einfluss der Markt- und Lernorientierung auf die Innovativität von Unternehmen sowie deren Beitrag zur Erhöhung der Unternehmensperformance bestätigt. Mit Hilfe modernster Informations-, Analyse- und Bewertungsmethoden können die unterschiedlichen Stakeholder im Sinne ganzheitlicher Markt- und Wettbewerbsorientierung systematisch in die strategische Analyse sowie in die Entwicklung

und den Test neuer Ideen und Geschäftsmodelle sowie die Gestaltung des Innovationsprozesses einbezogen werden. Durch kreative Rekombination des über Wertnetze mit vorhandenen und potenziellen Kunden, Wettbewerbern, Lieferanten und sonstigen Stakeholdern gewonnenen Wissens eröffnen sich Möglichkeiten zur Entdeckung, Entwicklung und Umsetzung besserer Problemlösungen. Unterstützt durch die Lernorientierung eines Unternehmens kann die Organisation ihre eigenen markt- und wettbewerbsbezogenen Aktivitäten wie jene Dritter wirksam analysieren, auswerten und notwendige Folgerungen in Form fortlaufender organisationaler und verhaltensbezogener Verbesserungen daraus ableiten. Auf diese Weise können die mit Innovationen verbundenen Risiken für die Stakeholder und das Unternehmen besser abgeschätzt und im Interesse einer nachhaltig erfolgreichen unternehmerischen Entwicklung wirksam gestaltet werden.

Sicherung dynamischer Fähigkeiten
Im Interesse eines möglichst proaktiv ausgerichteten Veränderungsmanagements steht Organisationen mittlerweile ein breites Instrumentarium der strategischen Flexibilitätssteigerung (Meffert 1985; Reichwald und Behrbohm 1983) zur Verfügung. Um diese dynamischen Fähigkeiten nachhaltig zu sichern und die interne Kommunikation und den interdisziplinären Austausch zu fördern, können flexible organisatorische Strukturen wie flache Hierarchien, zellulare Divisionen, Matrix- und Netzwerkorganisationen ebenso beitragen. Organisationen wie 3M nutzen hierfür etwa matrixähnliche Strukturen und geben den Mitarbeitern Freiheit für

die Gestaltung eigener Innovationsvorhaben. Sie geben ihren Führungskräften und Mitarbeitern die Möglichkeit, ihre Stärken gezielt zu entwickeln und zugleich durch regelmäßigen Wechsel zwischen den verschiedenen Funktions- und Geschäftsbereichen ein hohes Maß an Flexibilität und Offenheit gegenüber interdisziplinären Vorhaben und dem Neuen zu erreichen. Zudem können dynamische Fähigkeiten des Entrepreneurship, des organisationalen Lernens und der Selbstorganisation entwickelt und ein strategisches Portfolio unterschiedlicher Optionen der Auslagerung und Integration neuer Geschäftsmodelle wie Spin-in und Spin-out oder M&A-Optionen (Engelhardt und Simmons 2002) angelegt werden. Auf diese Weise lassen sich schnellere Anpassungen vornehmen und Organisationen durch ständige Erneuerung von innen und außen zukunftsfester gestalten.

3.3 Gesellschaftliche Einflussgrößen

Unternehmerisch orientierte innovative Führung investiert in innovationsfreundliche Rahmenbedingungen und trägt aktiv dazu bei, die innovative Kapazität regional und überregional zu stärken. Dies gilt für die berufliche und akademische Qualifizierung ebenso wie für exzellente Grundlagen- und anwendungsorientierte Forschung. Sie investiert in die Aus- und Weiterbildung der Mitarbeiter im Interesse der Wettbewerbsfähigkeit ihrer Organisation und trägt auf diese Weise gleichsam zur Steigerung der Wettbewerbsfähigkeit ihres Standortes bei. Durch die enge Verzahnung mit anderen Organisationen in vorhandenen und neuen Wertketten und -netzen gelingt die Herausbildung von

Unternehmerisch orientierte innovative Führung investiert in innovationsfreundliche Rahmenbedingungen und trägt aktiv dazu bei, die innovative Kapazität regional und überregional zu stärken.

Clustern hoher Wertschöpfung. Eine wichtige Voraussetzung für die nachhaltige Innovativität von Organisationen ist die Akzeptanz der von ihr hervorgebrachten Neuerungen durch die Nutzer und die Gesellschaft. Regulierung kann Treiber wie

auch Hemmschuh von Neuerungen sein. Die Durchsetzung radikaler Innovationen erfordert häufig auch eine Reform des Regelwerks. Auch hierzu kann unternehmerisch orientierte innovative Führung wichtige kommunikative und inhaltliche Beiträge leisten. Je höher der Wertbeitrag der Innovation für den einzelnen Nutzer und das große Ganze ist und je offener und transparenter die Vor- und Nachteile der Innovation kommuniziert und Versprechen gehalten werden, umso positiver wirkt sich dies in aller Regel auf das allgemeine Innovationsverständnis einer Gesellschaft und damit auch das Regulierungsklima aus.

Das Leipziger Führungsmodell findet fundierte Antworten zur Gestaltung einer wertebasierten Führungskultur. Führung ist kein Selbstzweck, sondern dient der zielgerichteten Erfüllung einer bestimmten Aufgabe. Das Leipziger Führungsmodell erweitert genau dieses Führungsverständnis und ist damit zukunftsweisend.

Dr. Johannes Beermann
Mitglied des Vorstands der Deutschen Bundesbank

4.3 Verantwortung

Verantwortung ist eine weitere grundlegende Dimension guter Führung, die als Randbedingung der Verfolgung des jeweiligen Purpose Beachtung erfordert. Ein Purpose, der nicht verantwortlich realisiert werden kann, kann deshalb kein Gegenstand guter Führung sein. Neben dieser sehr grundsätzlichen Überlegung wird Verantwortung vor allem wichtig im Hinblick auf die Frage der Umsetzung des Purpose, denn auch sinnvolle Ziele kann man unverantwortlich verfolgen.

Die nachfolgende Klärung dieser Dimension ist in folgende zwei Schritte gegliedert. Zunächst erfolgt eine grundsätzliche Definition des Konzepts Verantwortung, das gleichgesetzt wird mit der Realisierung und – soweit möglich – Erfüllung legitimer (Vertrauens-)Erwartungen. Im zweiten Schritt werden die Überlegungen präzisiert mit Blick auf Führung.

1. Verantwortung

Der Begriff Verantwortung trägt in sich das Wort „Antwort". Tatsächlich geht es wesentlich darum, dass jemand, der Verantwortung trägt, anderen, die von seinem Handeln betroffen sind, insbesondere dann, wenn sie Nachteile davon haben bzw. geschädigt werden, Antwort geben kann. Zugleich dient das Konzept dazu, Zuständigkeiten zuzuweisen derart, dass ein gemeinsames Grundverständnis darüber herrscht, wer welche Verantwortung trägt, also wem Antwort schuldet.

Dabei ist zu unterscheiden zwischen rechtlich bestimmter Verantwortungszuschreibung – z. B. in einem Arbeitsvertrag oder in Haftungsregeln –, und moralischer Verantwortung. Letztere resultiert aus den Zuschreibungen, die sich aus den grundsätzlich anerkannten moralischen

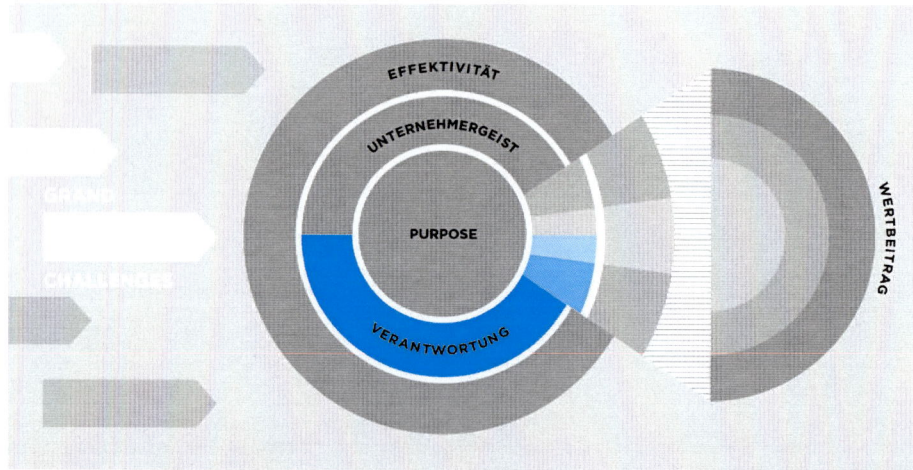

Normen ergeben. So mag es in manchen Fällen (noch) legal sein, spezifische Informationsasymmetrien zulasten Dritter auszunutzen, doch es ist möglich, dass ein solches Handeln allgemein als unverantwortlich angesehen wird. Ein anderes Beispiel für die moralische Verantwortlichkeit ist eine Situation, in der eine Führungskraft durch ihren Führungsstil und ihre Kommunikation eine vergiftete Arbeitsatmosphäre und -kultur erzeugt. Dafür wird sie nicht rechtlich belangt werden können, dennoch kann es angemessen und plausibel sein, die Verschlechterung

Die Kopplung von Verantwortung und Erwartungen ergibt sich eben daraus, dass Verantwortung stets gegenüber anderen Personen besteht, um deren Erwartungen an den handelnden Akteur es geht.

der Arbeitsatmosphäre dieser Führungskraft zuzurechnen und sie damit als verantwortlich anzusehen, da es in ihrer Macht lag, durch einen anderen Führungsstil und bessere Kommunikation eine solche Verschlechterung zu vermeiden. Insofern Verantwortung somit systematisch verknüpft ist mit der Erfüllung bestimmter Erwartungen anderer – bei deren Nicht-Erfüllung man eben „Antworten" schuldig ist –, stellt sich im nächsten Schritt die Frage, wie diese Erwartungen genauer spezifiziert werden können. Hier wird der Vorschlag gemacht, Verantwortung zu bestimmen als Respektierung und – soweit möglich – Erfüllung

legitimer (Vertrauens-)Erwartungen (Suchanek 2015).

Die Kopplung von Verantwortung und Erwartungen ergibt sich eben daraus, dass Verantwortung stets gegenüber anderen Personen besteht, um deren Erwartungen an den handelnden Akteur es geht. Der Zusatz „legitim" macht zugleich deutlich, dass nicht alle Erwartungen vernünftig sind, ihre Erfüllung also auch nicht im Namen von Verantwortlichkeit gefordert ist. So können etwa Investoren, Kunden, Gewerkschaften, Nichtregierungsorganisationen usw. Ansprüche stellen, deren Erfüllung einem Unternehmen schlicht nicht möglich ist, zumindest nicht, ohne die legitimen Ansprüche anderer Stakeholdergruppen zu ignorieren oder gar ihnen zu schaden. Umgekehrt lassen sich Ansprüche plausibilisieren, mit denen eine Organisation nicht konfrontiert wird, für deren Berücksichtigung es indes gute Gründe gibt; insbesondere ist hier im Zusammenhang mit Nachhaltigkeit an die Rechte zukünftiger Generationen zu denken.

Mehr noch: Da (Führungs-)Handeln in aller Regel in einem Umfeld stattfindet, in dem zahlreiche heterogene Erwartungen und Ansprüche bestehen, wird man nie allen Erwartungen gerecht werden können. Umso wichtiger wird es, so zu handeln und zu kommunizieren, dass grundsätzlich jeder zustimmen könnte – wenn schon nicht der einzelnen Entscheidung, so doch dem Prozess oder der Ordnung, die diese Entscheidung ermöglichte und auch stützt. Ein typisches Beispiel ist der Wettbewerb, der in der einzelnen Situation „Verlierer" erzeugt, was jedoch grundsätzlich akzeptabel ist, solange der

In jedem Fall zeigt sich die Bedeutung der Kommunikation, die sich insbesondere auch im Kontext von Führung offenbart.

Wettbewerb unter fairen Regeln stattfindet.

Unangemessene Erwartungen sind mithin solche, die nicht in diesem Sinne verallgemeinerbar sind. Dies liegt auch dann vor, wenn an den Träger der Verantwortung Erwartungen gerichtet werden, bei deren Erfüllung er systematisch – berechtigten – eigenen Interessen oder solchen seiner Organisation zuwiderhandeln müsste. Ökonomisch formuliert: Verantwortung muss grundsätzlich anreizkompatibel sein.

Der zweite Zusatz „Vertrauen" beruht darauf, dass Vertrauen (in dem hier verwandten weiten Sinne) verstanden werden kann als eine Beziehung zwischen einem Vertrauensgeber, der abhängig von und verwundbar durch die Handlungen eines Vertrauensnehmers ist, wie es in der Regel beispielsweise im Verhältnis von Mitarbeiter (Vertrauensgeber) und Vorgesetztem (Vertrauensnehmer) der Fall sein kann. Zugleich existiert oft ein situativer Konflikt für den Vertrauensnehmer, diese Abhängigkeit zu seinen Gunsten und

zulasten des Vertrauensgebers auszunutzen; eben deshalb ist Verantwortung eine moralische Forderung. Ein Beispiel wäre der Arbeitnehmer als Vertrauensgeber, der Leistungen erbrachte, weil die Führungskraft eine anschließende Erhöhung des Gehalts versprochen hat. Die primäre Verantwortung der Führungskraft besteht darin, dieses Versprechen, und damit die legitime Vertrauenserwartung, auch zu erfüllen. Wenn diese Erwartung indes enttäuscht würde, stellt sich die Frage, ob sie aufgefangen werden kann durch eine gute „Antwort", d. h. eine nachvollziehbare Erklärung, warum das Versprechen nicht erfüllt wurde. In jedem Fall zeigt sich die Bedeutung der Kommunikation, die sich insbesondere auch im Kontext von Führung offenbart.

Die Respektierung und – soweit möglich – Erfüllung legitimer (Vertrauens-)Erwartungen lässt sich grundsätzlich auf alle Personen beziehen, die vom eigenen Handeln direkt oder indirekt betroffen sind. Doch zur Strukturierung dieser oft sehr komplexen Konstellationen hilft es, sich auch hier der Dreiteilung Individuum – Organisation – Gesellschaft zu bedienen. So hat man zum einen auch Verantwortung sich selbst gegenüber, was in manchen Situationen dazu führen kann, Ansprüche, die an einen gestellt werden, als unzumutbar zurückzuweisen. Auch dies

Wir brauchen ein orientierungsfähiges Führungsverständnis. Dazu liegt hier ein umfassendes Konzept vor. Danke!

Prof. Dr. Ulrich Lehner
Henkel AG & Co. KGaA

gilt es indes im Zweifel erklären und begründen zu können.

Zum Zweiten gilt gerade für Führungskräfte, dass sie Verantwortung tragen für die Organisation, die sie repräsentieren. Für im Wettbewerb stehende Unternehmen bedeutet dies etwa, dass Gewinnerzielung auch aus ethischer Sicht geboten ist. Problematisch wird dies nur dann, wenn das Gewinnziel allem anderen vorgeordnet wird.

Zum Dritten schließlich existiert eine Verantwortung gegenüber der Gesellschaft, in die das eigene Handeln stets eingebettet ist. Auch hier gibt es Erwartungen, die es zu respektieren und – soweit möglich – zu erfüllen gilt. Dies schließt künftige Generationen mit ein.

2. Verantwortung und Führung

Führungskräfte sind aufgrund ihrer Position und den damit verbundenen Befugnissen (Rechten, Ressourcen, Macht) in einer Situation, in der sie über größere Gestaltungs- und Freiheitsspielräume verfügen und damit zwingend auch größere Verantwortung tragen bzw. (Vertrauens-) Erwartungen in erhöhtem Maße an sie gerichtet sind. Diese Erwartungen sind allerdings in aller Regel nicht nur heterogen und zum Teil untereinander unvereinbar, sie sind auch nicht immer angemessen, was für Führungskräfte eine beträchtliche Herausforderung darstellen kann. Insofern besteht ein wichtiger Teil ihrer Führungsaufgabe darin, die oben angedeuteten Verantwortlichkeiten – gegenüber sich selbst, der Organisation und der

So ist es ein genuiner Aspekt von Führungspositionen, dass gezielt Einfluss auf andere genommen werden kann (und auch soll). Damit gewinnen Werte wie Respekt, Integrität oder Fairness in der Behandlung anderer eine besondere Bedeutung, nicht nur derart, dass Führungskräfte diese Werte leben, sondern auch vorleben sollten, denn ihr Verhalten hat unvermeidlich Vorbildfunktion.

Gesellschaft – so weit wie möglich miteinander verträglich zu machen. Dabei gilt es zu berücksichtigen, dass Führungskräfte in aller Regel eine bestimmte Verantwortung zugewiesen bekommen, die mit den Rechten und Pflichten ihrer jeweiligen Position einhergeht. Erwartungen, die dies nicht berücksichtigen, werden deshalb nicht selten unangemessen sein.

Auch hier ist zu beachten, dass nicht nur eine Zuweisung rechtlicher Verantwortung geschieht, wie sie typischerweise vertraglich fixiert wird, sondern auch eine moralische Verantwortung, die sich aus der spezifischen Position ergibt. So ist es ein genuiner Aspekt von Führungspositionen, dass gezielt Einfluss auf andere genommen werden kann (und auch soll). Damit gewinnen Werte wie Respekt, Integrität oder Fairness in der Behandlung anderer eine besondere Bedeutung, nicht nur derart, dass Führungskräfte diese Werte leben, sondern auch vorleben sollten, denn ihr Verhalten hat unvermeidlich Vorbildfunktion.

Verantwortung der Führung kommt auf verschiedenen Ebenen zur Geltung. Drei Ebenen seien unterschieden:

– Handlungsverantwortung
– Ordnungsverantwortung
– Kommunikationsverantwortung

Handlungsverantwortung manifestiert sich naheliegenderweise in den Handlungen (einer Führungskraft) und entspricht weitgehend dem, was im Alltagsverständnis oft mit Verantwortlichkeit assoziiert wird. Sie steht in der Regel im Mittelpunkt des alltäglichen Handelns: Respektvoller Umgang mit Kollegen, Mitarbeitern und anderen Kooperationspartnern, sorgfältige Vorbereitung der anstehenden Aufgaben, Einhalten abgegebener Versprechen usw. sind Momente dieser Handlungsverantwortung.

Ordnungsverantwortung geht auf den Umstand zurück, dass die institutionellen Ordnungen – Gesetze, Regeln, Normen –, in die unser Handeln eingebettet ist, selbst Resultate früherer Handlungen sind. Dementsprechend gehen künftige Ordnungen immer auch aus heutigen Handlungen hervor. So stärkt die (alltägliche) Befolgung einer Ordnung diese, während ein Regelbruch sie gefährden kann. Gerade das Handeln und Kommunizieren von Führungskräften kann, nicht zuletzt aufgrund ihres Vorbildcharakters, erheblichen Einfluss auf institutionelle Ordnungen ausüben. Wenn Führungskräfte sich sichtbar nicht an Regeln halten, selbst wenn sie deren Befolgung öffentlich

einfordern, unterminieren sie damit deren Anerkennung.

Die Bedeutung der institutionellen Ordnung tritt in der heutigen Zeit der Globalisierung und Digitalisierung verstärkt zutage, denn ihre Funktion besteht darin, wechselseitige Verlässlichkeit herzustellen. In einer Zeit disruptiven Wandels und der damit verbundenen hohen Komplexität und Unsicherheit rückt das Handeln und Kommunizieren – auch und gerade im Hinblick auf die Gewährleistung einer gewissen Verlässlichkeit – daher verstärkt ins Zentrum der Aufmerksamkeit. Eng damit verbunden ist die dritte Ebene der Verantwortung.

Kommunikationsverantwortung ist der Sache nach die wichtigste Ebene der Verantwortung im Führungskontext, da Führung mehr als je zuvor kommunikativ angelegt sein muss – das kommt schon im Konzept des Purpose zum Ausdruck, der immer wieder im Dialog erinnert und situativ spezifiziert werden muss. Denn in der Kommunikation kommt sowohl das Warum, das Wie als auch das Was buchstäblich zur Sprache. Das gilt auch aus dem folgenden Grund: Es geht nicht nur darum, dass verantwortlich gehandelt wird, sondern auch darum, dass diese

Die Bedeutung der institutionellen Ordnung tritt in der heutigen Zeit der Globalisierung und Digitalisierung verstärkt zutage, denn ihre Funktion besteht darin, wechselseitige Verlässlichkeit herzustellen.

In Konfliktsituationen ist eine gemeinsame Basis der Verständigung Grundlage der Bewältigung des jeweiligen Konflikts.

Handlungen als verantwortlich wahrgenommen und anerkannt werden. Dies nimmt im Übrigen die Interaktionspartner der Führungskraft ihrerseits in die Verantwortung, denn wenn unverantwortliches Handeln systematisch bestraft wird, wird es rasch eingestellt werden (müssen).

Der Aspekt der Kommunikationsverantwortung umfasst grundsätzlich nicht nur die Ansprache der Führungskraft an Geführte oder andere, sondern auch ihre Bereitschaft, sich in einen Dialog mit ihnen zu begeben, d. h. zuzuhören und zu verstehen, worin die Anliegen, Interessen, Perspektiven gründen.

Zwei Punkte verdienen in diesem Zusammenhang besondere Hervorhebung. Zum einen ist auch hier ein Ordnungsaspekt festzuhalten: Diskurs und Kommunikation können nur wirksam werden, wenn es eine hinreichend gemeinsame Basis der Verständigung gibt. Das betrifft nicht nur die Sprache an sich, sondern auch und maßgeblich bestimmte Inhalte der Kommunikation, so beispielsweise die gemeinsamen Ziele (Purpose) der Mitglieder einer Organisation, aber auch die Bedingungen ihrer Umsetzung. Mehr noch: In Konfliktsituationen ist eine gemeinsame Basis der Verständigung Grundlage der Bewältigung des jeweiligen Konflikts. Führungskräfte haben deshalb eine Verantwortung, zur Erhaltung und Weiterentwicklung einer vernünftigen Verständigungsbasis beizutragen. Kern dieser Basis sind gemeinsame Orientierungspunkte („focal points"), so dass man auch sagen könnte, dass es zu den grundlegenden Aufgaben guter Führung gehört, „focal points" bereitzustellen.

Zum anderen wird in der Kommunikation einer Führungskraft maßgeblich auf

Das Leipziger Führungsmodell gibt als Kompass einen klaren Blick auf Zielsetzung, Dimensionen und Operationalisierung guter Unternehmensführung in einem zunehmend unsicheren Umfeld. Mit der Fokussierung auf „Purpose" als Kern des Modells und der Forderung, die jeweilige Geschäftstätigkeit im Hinblick auf den Beitrag zu einem „größeren Ganzen" zu hinterfragen (citizen value), scheint das Modell wie zugeschnitten für die Reflexion guter Führung auch und insbesondere in öffentlichen Unternehmen. Die technologisch und gesellschaftspolitisch induzierte Energiewende bei Strom, Wärme und Mobilität führt zu einer Veränderung der unternehmerischen Rahmenbedingungen in einem bisher unbekannten Ausmaß. Mehr denn je sind Prinzipien guter Führung erforderlich, um diese Veränderungen nach innen und außen erfolgreich zu gestalten.

Prof. Dr.-Ing. Norbert Menke, MBA
Sprecher der Geschäftsführung der Leipziger Stadtholding LVV GmbH

> *Das Leipziger Führungsmodell bietet einen sowohl integrativen als auch generischen Orientierungsrahmen zur nachhaltigen Gestaltung globaler Wertschöpfungsketten im Zeitalter der digitalen Transformation.*
>
> **Prof. Dr. Iris Hausladen**
> *Heinz Nixdorf-Lehrstuhl für IT-gestützte Logistik*

Wahrnehmungen und Erwartungen anderer eingewirkt. Verantwortung besteht deshalb auch darin, keine Erwartungen zu erzeugen, die systematisch nicht erfüllbar sind, also keine Versprechen abzugeben, von denen man weiß, dass man sie nicht halten kann. Das ist indes eine beträchtliche Herausforderung, da – gerade unter Wettbewerbsbedingungen und anderem Druck – nicht selten Erwartungen geweckt werden bzw. die Wirklichkeit geschönt wird, um andere zur Kooperation zu gewinnen.

Tatsächlich sind im Alltag alle drei genannten Ebenen oft miteinander verschränkt, da mit Handlungen stets auch Regeln befolgt oder gebrochen werden und diese Handlungen zumeist mit Kommunikation einhergehen. Wichtiger noch: Verantwortung hat viel mit der Zeitdimension zu tun, da es oft darum geht, Ansprüche aus der Vergangenheit in der Gegenwart angemessen zu berücksichtigen bzw. die Zukunft durch Entscheidungen und deren Kommunikation so vorzustrukturieren, dass die angestrebten Ziele erreicht werden.

Im Kontext von Verantwortung ist dabei besonders hervorzuheben, dass die Vermeidung von Unverantwortlichkeit buchstäblich organisiert werden muss. Das betrifft praktisch das gesamte Feld betrieblicher Aktivitäten von der Corporate Governance über das Marketing, das Personalmanagement usw. bis hin zu Compliance.

Für Führung heißt das vor allem, dass auf Konsistenz zu achten ist, insbesondere auf die Konsistenz einzelner Maßnahmen, Entscheidungen und Vorgaben mit dem Purpose. Konsistenz ist ebenfalls wesentlich im Hinblick auf die drei zuvor genannten Ebenen (Handlungen, Ordnung, Kommunikation). Und schließlich ist Konsistenz von besonderer Bedeutung, wenn es zu einem Schlüsselaspekt von Führung kommt: der Vorbildfunktion. Sie war bereits zuvor angesprochen worden und sei hier noch einmal besonders betont, wenn es um die Konsistenz von Worten und Taten geht. Führungskräfte, die vom Sinn und Zweck (Purpose) der Organisation sprechen und Werte einfordern, in ihrem eigenen Handeln diesen Vorgaben aber selbst nicht entsprechen, verlieren nicht nur Legitimität – die dann nicht selten durch kostspielige materielle Anreize und Sanktionen zu kompensieren versucht wird –, sie tragen auch zu einer entsprechenden Kultur bei, in der weder der Purpose noch die Werte ernst genommen werden.

4.4 Effektivität

1. Warum Effektivität?

Eine unternehmerisch und verantwortlich ausgerichtete Führung von Unternehmen wie auch anderen Organisationen steht vor der Herausforderung, dass Entscheidungen und Handlungen zur Erzielung eines Beitrages zum großen Ganzen aufgrund knapper Ressourcen und Wettbewerbsbedingungen wohl überlegt sein müssen. Viele Wege führen nach Rom und viele Wege führen daran vorbei! Angelehnt an diese Metapher stellt sich die Frage, *was* der richtige Weg ist (Effektivität) und *mit welchen Mitteln* ein ausgewählter Weg beschritten werden kann (Effizienz), um mit knappen Ressourcen im Wettbewerb ein definiertes Ziel zu erreichen.

Gerade in Zeiten sich wandelnder gesellschaftlicher, technologischer, politischer und ökologischer Kontextbedingungen kommt der Frage nach einer effektiven Führung eine besondere Bedeutung zu, weil effizient ausgerichtete Strategien in sich wandelnden Kontexten oft nicht mehr das richtige Ziel ansteuern und damit ihren Beitrag zum großen Ganzen verfehlen. Die Effektivitätsdimension bildet somit eine weitere Kerndimension des Leipziger Führungsmodells. Sie übersetzt verantwortliche und unternehmerische Entscheidungen in zielgerichtete Strategien, Strukturen und Prozesse, damit ein wettbewerbsfähiger Beitrag zum großen Ganzen erreicht wird. Effektives Handeln und Entscheiden erfordern von Führungspersönlichkeiten, dass sie eine Kommunikations-, Steuerungs-, und Koordinationsfunktion wahrnehmen.

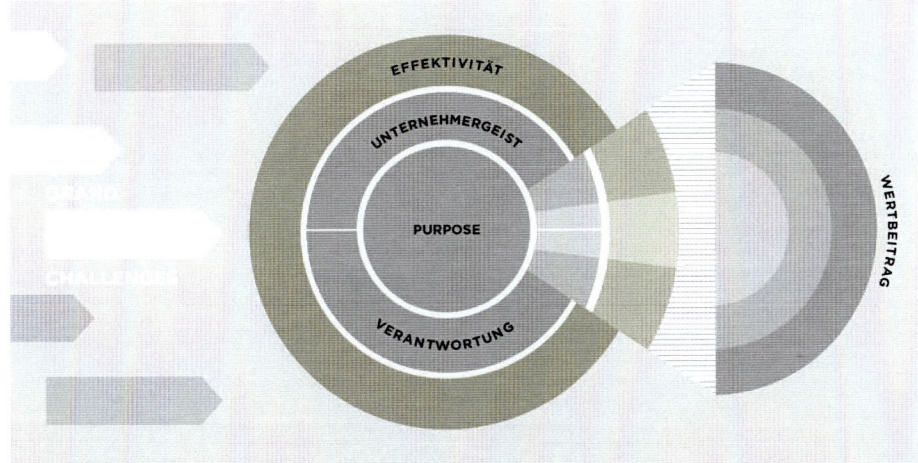

2. Wirksam einen Beitrag zum großen Ganzen erzielen

Grundsätzlich beschreibt die *Effektivität* ein Maß für die Wirksamkeit von zielorientiertem Handeln. Effektives Handeln wird dabei anhand des Zielinhaltes (qualitative Dimension) und des Zielerreichungsgrades (quantitative Dimension) gemessen. Effektive Führung verlangt somit, zunächst die richtigen Ziele auszuwählen und zu präzisieren, damit im nächsten Schritt Strategien zur Zielerreichung identifiziert und priorisiert werden können. Die Forderung nach einer effektiven Führung setzt bei der stimmigen Übersetzung des Purpose in konkrete Ziele an. Konkret sind Ziele dann, wenn sie nach Inhalt, Ausmaß, Zeitbezug und Zielgruppenbezug präzisiert werden. Eine verantwortliche Festlegung von Zielen setzt eine sorgfältigen Analyse der internen und externen Ausgangssituation und eine Abschätzung der Zukunftsentwicklung voraus. Die Steuerungsfunktion der Führung kann nur dann die richtige Richtung weisen, wenn eine adäquate Verortung der aktuellen Ausgangsposition vorgenommen wurde. In diesem Zusammenhang sind die Erwartungen relevanter Stakeholder (z. B. Mitarbeiter, Kunden, Lieferanten, Gesellschaft, Politik) zu identifizieren. Vielfach führt ein verengter Blick auf die Zielgruppen oder eine unzureichende Interaktion mit den Zielgruppen zur Vernachlässigung oder Fehlinterpretation deren Erwartungen.

In der Folge kommt es dann zu einer Fehlspezifikation von Zielinhalten und Zielausmaßen, sodass bereits bei der Zielfestlegung erste Effektivitätseinbußen zu verzeichnen sind. Die vermeintlich „objektive" Realität einer Ausgangssituation wird immer subjektiv wahrgenommen und interpretiert. Somit stellt die Einbeziehung der Expertisen aller Führungskräfte und Mitarbeiter wie auch außenstehender Stakeholder bei der Situationsanalyse und die Schaffung von Transparenz über Chancen und Risiken sowie Stärken und Schwächen einer Organisation eine wichtige Voraussetzung dafür dar, dass Führungskräfte die Standortbestimmung perspektivenreich anlegen. Neben der Globalisierung und Digitalisierung sind verstärkt die veränderten ökologischen Rahmenbedingungen (z. B. Klimawandel) bei der Prognose von Zukunftsperspektiven zu berücksichtigen. Systemtheoretische Ansätze liefern in

Die HHL Leipzig Graduate School of Management kann auf eine lange Tradition als kaufmännische Hochschule zurückblicken, die bereits meine Lützener Vorfahren mit dem theoretischen Rüstzeug ihrer Profession ausstattete. Mit dem Leipziger Führungsmodell wird nun kommenden Generationen ein zeitgemäßes Konzept effektiven Managements offeriert und ein richtungsweisender Beitrag zur Etablierung einer ganzheitlich orientierten Führungskultur der Zukunft geleistet.

Wolf-Dietrich Freiherr Speck von Sternburg
Vorsitzender Sternburg Stiftung

diesem Zusammenhang Hilfestellungen, um die Arten von potenziell relevanten Zielgruppen und deren Beziehungen zu und Erwartungen an eine Organisation zu erkennen.

Neben der Ableitung von Zielinhalten impliziert ein effektives Führungsverhalten die Präzisierung von Ausmaß und Zeitbezug der Ziele. Während der Zweck einer Organisation für einen längeren Zeitraum angelegt ist, so sind im Rahmen der Führung die zeitlichen Etappen bzw. Teilziele zu partitionieren, damit die Mitarbeiter eine Orientierung erhalten, welche Strategien und Maßnahmen sie im Zeitablauf zur Zielerreichung entwickeln und umsetzen müssen. Bei der Bestimmung von Ausmaß und Zeitbezug der Ziele bilden neben den Chancen und Risiken des externen Umfeldes die internen Ressourcen und Fähigkeiten, Fertigkeiten sowie die Motivation der Mitarbeiter wichtige Determinanten. Deshalb gilt es, die Präzisierung der Ziele auf der Grundlage der Situationsanalyse im Diskurs mit den Mitarbeitern vorzunehmen.

Die Verwendung des Plurals bei der Zielformulierung deutet darauf hin, dass effektive Führung auf der Grundlage eines mehrdimensionalen Zielsystems mit Ober- und Unterzielen stattfindet. Während der Wertbeitrag von Unternehmen in der wirtschaftswissenschaftlichen Disziplin über Jahrzehnte auf die Gewinn- und Shareholder-Value-Dimension verengt wurde, so wird in modernen Management- und Führungsansätzen die Notwendigkeit der Verfolgung multipler Zielinhalte betont (Eberhardt 1998). Effektive Führung bedeutet in diesem Kontext, die unterschiedlichen Zielinhalte zu identifizieren und bei der Festlegung von Ausmaß- und Zeitbezug mögliche Zielkonflikte zu erkennen und handzuhaben. Zielkonflikte können nur durch veränderte Erwartungen bzw. Anspruchsniveaus (Zielanpassung und Zielgewichtung) oder eine zeitliche Verlagerung von Wirkungen gelöst werden. Auch hierzu ist ein Diskurs mit den beteiligten internen und externen Stakeholdern gefordert.

In Ergänzung zur Effektivität stellt die *Effizienz* ein Maß dar, welches ein erzieltes Ergebnis mit dem Aufwand ins Verhältnis setzt. Im wirtschaftswissenschaftlichen Kontext wird die Effizienz auch mit den Begriffen „Wirtschaftlichkeit" oder „Produktivität" bezeichnet. In einem 1963 veröffentlichten Beitrag reflektierte Peter Drucker bereits die Begriffe Effektivität und Effizienz im

Erfolgreiche Führung an der Spitze einer Organisation setzt neben einer gesunden Intelligenz und Tatkraft vor allem die folgenden Persönlichkeitswerte voraus: Charakterliche Zuverlässigkeit, Aufrichtigkeit, Ehrlichkeit, Interesse an Menschen und Teamfähigkeit. Nochmals Glückwunsch zu dieser umfassenden und hervorragenden Ausarbeitung.

Dr. Heinrich Weiss
SMS-Group, BDI-Präsident 1991–1992

Kontext von Führungsaufgaben: „It is fundamentally the confusion between effectiveness and efficiency that stands between doing the right things and doing things right. There is surely nothing quite so useless as doing with great efficiency what should not be done at all." (Drucker 1963) In diesem Statement wird betont, dass Effektivität eine Voraussetzung für effizientes Handeln darstellt, um den richtigen Beitrag zum größeren Ganzen zu leisten. Im Vergleich zu stabilen Handlungskontexten kommt der Effektivität der Führung gerade in Zeiten von sich stark wandelnden Umweltbedingungen besondere Bedeutung zu, weil die bisher effizient ausgerichteten Verhaltensweisen und Managementsysteme den neuen Herausforderungen vielfach nicht mehr gerecht werden.

Die von Drucker betonte Konfusion bei der Verwendung der Begriffe Effektivität und Effizienz wird dadurch befördert, dass Effizienzmaße von Institutionen (z. B. ROI, Produktivität) als Zieldimensionen festgelegt werden, sodass in die Effektivitätsbetrachtung auch die Zielerreichung der Effizienz einbezogen wird. In diesem Fall indiziert effektives auch effizientes Verhalten. Dies führt insbesondere in Phasen, in denen Veränderungsprozesse eingeleitet werden, zu Zielkonflikten. So erfordern Veränderungen von Organisationen vielfach Investitionen und einen höheren Verbrauch an Ressourcen sowie das Verlassen bewährter Prozesse. Trial-and-Error und ein Umschwenken auf neue Lernkurven implizieren, dass Effektivität zunächst mit Effizienzeinbußen einhergehen kann. Bei der Einbeziehung von Effizienzmaßen in die Effektivätsbeurteilung ist somit

besondere Aufmerksamkeit von Führungskräften gefordert. Die Unterscheidung von Effektivität und Effizienz adressiert die in der Führungsliteratur vielfach plakativ betonten Unterschiede zwischen „Führung" (Leadership) und „Management": „Leaders do the right things. Managers do things right." (Bennis und Nanus 1985; Drucker 1963) Aus dieser Differenzierung ergibt sich, dass gute Manager nicht automatisch auch gute Leader sind. Betrachtet man die Managementfunktion innerhalb einer Organisation, so steht hier die effiziente Ausrichtung der Planung, Realisierung und Kontrolle von zielorientierten Aufgaben im Mittelpunkt. Inhaltlich knüpft diese Interpretation am Ursprung des Begriffes Management (lat. „manus", Handhabung) an. Der begriffliche Ursprung von Führung liegt hingegen in der „Initiierung von gerichteter Fortbewegung". Dabei kommt der Steuerung und der damit verbundenen Initiierung von Bewegung eine wichtige Bedeu-

Steuerung heißt auch, einen einmal eingeschlagenen Weg zu verlassen, um neue Wege beschreiten zu können.

tung zu (Clausen 2016). Steuerung heißt auch, einen einmal eingeschlagenen Weg zu verlassen, um neue Wege beschreiten zu können. Unweigerlich erfordert eine zielgerichtete Steuerung in arbeitsteiligen Organisationen Kommunikation und Koordination. Deshalb rückt das Leipziger Führungsmodell die Kommunikation und Partizipation und damit die Einbeziehung der Mitarbeiter bei der Erzielung eines Wertbeitrages in den Mittelpunkt. Eine Dichotomie zwischen „Leadern" und „Managern" ist in der Praxis vielfach nicht vorzufinden, weil Führungspersönlichkeiten Führungs- wie auch Managementfunktionen ausüben. Gerade in Zeiten des Wandels ist die Führungsfunktion, also das Richtige zu tun, gegenüber der Managementaufgabe – die richtigen Dinge richtig zu tun – zu betonen. Jedoch wird in diesen Situationen häufig planvolles und zielorientiertes Handeln in Frage gestellt, weil bei veränderten Umfeldbedingungen definierte Verhaltenspfade ihre Wirkung nicht mehr entfalten und häufig kurzfristig Anpassungen vorgenommen werden, denen keine systematische Planung vorangestellt werden konnte.

Das Verständnis des Leipziger Führungsmodells geht einher mit der Annahme, dass der Notwendigkeit einer flexiblen und agilen Anpassung von Strategien wie auch Zielen Rechnung zu tragen ist, diese ist aber nicht mit einem Verzicht auf Führung gleichzusetzen. Denn gerade in Zeiten knapper Ressourcen und sich verändernden Rahmenbedingungen kommt der Steuerungsfunktion gegenüber einem chaotischen und nicht auf Synergien bedachtem Handeln von Organisationen eine besondere Bedeutung zu.

3. Effektivität auf unterschiedlichen Führungsebenen

Effektivität der Führung lässt sich auf unterschiedlichen Aggregationsebenen reflektieren. Hier kann die Führungskraft selbst betrachtet werden wie auch die Effektivität der Führung unter Einbeziehung der Mitarbeiter und Institution als Ganzes wie auch des gesellschaftlichen Umfeldes.

3.1 Effektivität der Führung auf der Individualebene

In der Führungsliteratur wird betont, dass Führungskräfte bei der „Selbstführung" eine Vorbildfunktion für die Mitarbeiter übernehmen. Eine effektive Führung setzt somit bei der Führungskraft selbst an. Vielfältige wissenschaftliche Studien beleuchten die Effektivität von

---

In Zeiten des stetigen Wandels – sei es durch die rasant fortschreitende Digitalisierung, tiefgreifende gesellschaftliche Veränderungen oder immer neue ökologische Herausforderungen – bleibt auch uns Unternehmern keine Zeit, die Dinge einfach abzuwarten. Was uns „Wirtschaft mit Haltung" für gesellschaftliche Akzeptanz abverlangt, müssen wir auch nach innen demonstrieren. Moderne Führung erfordert Redlichkeit und Verlässlichkeit in unserem Handeln, aber auch Aufgeschlossenheit für Neues. Es ist gut zu wissen, dass wir uns mit Ihrer wertvollen Arbeit – dem Leipziger Führungsmodell – auf den Weg gemacht haben, Führung aktiv neu zu denken.

Ulrich Grillo
Vorsitzender des Vorstands Grillo-Werke AG, BDI-Präsident 2013–2016

Führungskräften auf der Individualebene und sprechen Empfehlungen aus, welche Eigenschaften effektives Führungsverhalten fördern.

3.2 Effektivität der Führung auf der interpersonellen Ebene

Führung von Unternehmen wird vielfach auf die Existenz einer Führungspersönlichkeit bzw. eines Leaders reduziert, was der Realität häufig nicht entspricht. Führungsfunktionen sind auf unterschiedlichen Ebenen, in verschiedenen Abteilungen und bei unterschiedlichen Personen angesiedelt. Im Rahmen der Steuerungsfunktion von Führung gilt es zu erkennen, wie die Gesamtaufgabe zur Zielerreichung in Teilaufgaben zu zerlegen und mit geeigneten Persönlichkeiten bzw. Mitarbeitern zu besetzen ist (Aufgabengliederung) und wie diese Teilaufgaben in synergetischer Weise zur Zielerreichung zu koordinieren sind (Aufgabensynthese).

Bei der Situationsanalyse und der darauf aufbauenden Festlegung von Zielen wurde bereits auf die Notwendigkeit des Dialogs und Diskurses mit relevanten Stakeholdern hingewiesen. Die mangelnde Fähigkeit des Zuhörens und Verstehens der Motive von Mitarbeitern und anderen Stakeholdern – mangelnde Empathie – sowie die fehlende Transparenz des Purpose einer Organisation sowie der daraus abgeleiteten Zieldimensionen wird vielfach als negativer Einflussfaktor effektiver Führung hervorgehoben. Die Kommunikation zwischen verschiedenen Führungskräften und Mitarbeitern ist ein zentraler Faktor effektiven Führungsverhaltens. Die Kommunikation setzt dabei schon bei den

potenziellen Mitarbeitern an, denn es gilt Mitarbeiter für den Zweck der Organisation zu gewinnen, die mit hoher Motivation und Identifikation einen Beitrag leisten wollen und können. Bei bestehenden Mitarbeitern gilt es, deren Erwartungen und Fähigkeiten richtig aufzunehmen und im Diskurs Zielinhalte, -ausmaße sowie Zeitbezug zu präzisieren. Die Schaffung von Transparenz und Verständnis für neue Zielprioritäten und einen Strategiewandel wird ebenfalls als Element einer effektiven Führung hervorgehoben. Wenn es neue Wege zu beschreiten gilt, dann kann ein schrittweiser Trial-and-Error-Prozess notwendig sein, der nicht effizient, jedoch effektiv für die Neuausrichtung einer Organisation seine Wirkung entfaltet. In der Führungsliteratur wird gerade mit Bezug auf den Umgang mit Mitarbeitern eine Vielzahl von Führungsstilen diskutiert. Empfehlungen münden heute überwiegend in „transformationale Führungsstile" (Bass 1999). Allerdings wird im Rahmen der Diskussion um effektive Führung angemerkt, dass situationsbedingte Besonderheiten zu berücksichtigen sind. Generell ist zu konstatieren, dass je nach Situation unterschiedliche Führungsstile zur Anwendung gelangen können.

3.3 Effektivität der Führung auf der Institutionenebene

Betrachtet man die gesamte Organisation, so verlangt effektive Führung, dass Führungskräfte ein Verständnis für den Gesamtprozess der Wertschöpfung und dessen Zerlegung in Teilprozesse entwickeln und mögliche Synergien bei der Koordination von Teilprozessen (Wertschöpfungsaktivitäten) erkennen und nutzen bzw. beteiligte Führungskräfte in unterschiedlichen Abteilungen für die Erschließung von Synergien zu sensibilisieren. Die zielgerichtete Ausrichtung und Anpassung des Managementsystems (Planung, Realisation, Kontrolle) wird auf der institutionellen Ebene auch als Aufgabe effektiver Führung adressiert. Der Führung kommt somit die Aufgabe zu, den systemischen Rahmen vorzudenken, in dem dann ein effizientes Management agieren kann.

3.4 Effektivität der Führung im gesellschaftlichen Umfeld

Unternehmen und andere Organisationen sind immer auch Teil eines übergeordneten sozialen und ökologischen Umsystems. Stakeholder als Repräsentanten des Umsystems bewerten letztlich den von Unternehmen erzielten Wertbeitrag zum großen Ganzen. Durch ihre Akzeptanz und ihren Zuspruch (z. B. Kundenloyalität) tragen sie dazu bei, dass die Organisationen sich unter Wettbewerbsbedingungen langfristig erfolgreich entwickeln und ihren legitimierten Wertbeitrag für die Gesellschaft erbringen können. Effektive Führung macht deshalb nicht an den Grenzen

einer Organisation halt. Vielmehr wird an Führungskräfte zunehmend die Erwartung gerichtet, dass sich Organisationen als Ganzes wie auch durch ihre Führungspersönlichkeiten und Mitarbeiter in den öffentlichen Dialog mit einbringen (Good Corporate Citizenship). Auch für diesen Dialog ist die Kommunikations- und Steuerungsfunktion der Führung gefordert. Das Leipziger Führungsmodell verbindet mit verantwortlicher Führung deshalb auch die effektive Interaktion mit Stakeholdern im gesellschaftlichen Umfeld.

Besondere Herausforderungen an effektive Führung stellen die Veränderungen des ökologischen Umfeldes dar. In den letzten Jahrzehnten wurden weltweit Vermeidungs- bzw. Mitigationsstrategien zur Verminderung einer Überbeanspruchung der ökologischen Lebensgrundlagen mit effektiver Führung verbunden (Kirchgeorg und Winn 2005). So wird sich zukünftig aufgrund grundlegender Veränderungen des globalen Ökosystems die Unsicherheit bei der Suche nach effektiven Führungspfaden erheblich erhöhen. Adaptionsstrategien werden in diesem Kontext für effektive Führung zunehmende Bedeutung gewinnen.

Die Führungsprinzipien des Leipziger Modells sind tauglich [...], auch radikale strukturelle Veränderungen zu managen. Führung unterliegt, wie es das Leipziger Modell treffend beschreibt, ständigem Wandel. [...] Führung braucht Vertrauen, auch das ist Teil des Leipziger Konzepts. Für mich ist hierbei der Schlüssel eine offene und faire Kommunikation der Unternehmensziele und geplanter Veränderungen gegenüber allen Stakeholdern, also Mitarbeitern, Eigentümern und Kunden.

Dr. Michael Frenzel
Vorsitzender des Aufsichtsrats TUI AG

5. Potenziale

Im Leipziger Führungsmodell möchten wir auch besonders die Möglichkeiten und Chancen betonen, die sich aus einem gelungenen Zusammenspiel der einzelnen Kerndimensionen ergeben können. Entsprechende Potenziale zu erkennen und zu heben, ist eine wesentliche Voraussetzung für den gelingenden Wertbeitrag und damit letztlich den Unternehmenserfolg. Gute Führung bedeutet demnach auch, Potenziale bei sich selbst, in der Organisation und im gesellschaftlichen Umfeld zu erkennen und gezielt zu realisieren.

Individuum

Führung ist Arbeit und gute Führung basiert auf Energie und Einsatz. Führungserfolg stellt sich selten ohne Anstrengung ein. So spannungsgeladen und konfliktreich die Führungsarbeit oftmals ist, so erfüllend und motivierend kann sie gleichzeitig sein. Für viele Menschen ist die Übernahme einer Führungsaufgabe positiv besetzt und erklärtes Karriereziel. Der darin zum Ausdruck kommende Gestaltungswille, das Erleben von Selbstwirksamkeit, etwas zu bewegen, ist zudem eine Grundvoraussetzung, um Konflikte durchzustehen (Resilienz) und sich selbst als Persönlichkeit zu entwickeln. Mit der Motivation, Führungskraft zu werden, andere anzuleiten und für Ideen zu begeistern, können ganz unterschiedliche Ziele verbunden sein. Die Motive – von Machtausübung bis zur altruistischen Aufgabe persönlicher Interessen – sind so vielfältig wie die Persönlichkeiten der Führungskräfte selbst. Im günstigsten Fall ermöglicht die Wahrnehmung einer Führungsaufgabe individuelle Kompetenz- und Persönlichkeitsentwicklung. Der psychologische Zustand des „Flow-Erlebens" charakterisiert diese positive Erfahrung der Passung von Anforderung und eigenen Fähigkeiten und Werten.

Die produktiven und kreativen Kräfte einer Führungskraft werden freigesetzt, wenn das unternehmerische Handeln verknüpft ist mit einer als sinnvoll erlebten Zielausrichtung (Purpose), die der Einzelne vor sich selbst und anderen als sachlich richtig (Effektivität) und verantwortungsvoll begründen kann. Aus dieser Stimmigkeit (Konsistenz) entsteht Glaubwürdigkeit als Einheit von Wort und Tat, die sich wiederum positiv auf die Führungsleistung auswirkt. Wer sich selbst glaubhaft für etwas begeistert, kann auch andere leichter mitreißen. Im positiven Fall wird die damit verbundene Haltung als authentisch und als die eines „ehrbaren Kaufmanns" wahrgenommen. Fehlt diese Stimmigkeit zwischen Purpose, Unternehmergeist, Verantwortung und Effektivität, entstehen

Wer sich selbst glaubhaft für etwas begeistert, kann auch andere leichter mitreißen.

Reibungsverluste und Konflikte bei der Führungskraft selbst und damit auch bei der Wahrnehmung der Führungsaufgabe.

Organisation

Die Koordination der Arbeitsprozesse in einer Organisation wird wesentlich erleichtert durch eine Kultur, in der ein von allen geteilter Purpose die Grundlage für eine vertrauensvolle Zusammenarbeit bildet. Die ungeschriebenen Regeln, ob es sich lohnt, Verantwortung zu zeigen und unternehmerische Initiative zu entwickeln, entscheiden darüber, wie effektiv und effizient ein angezielter Wertbeitrag geleistet wird. Die Kosten für Koordination, Steuerung und Kontrolle sinken deutlich, wenn diese Werte auf konsistente Weise gelebt und geschätzt werden. In einer leistungsfähigen Organisation werden diese Potenziale für permanente Lern- und Innovationsprozesse erkannt und genutzt. Potenziale werden bereits durch die richtige Auswahl an Mitarbeitern und Führungskräften erschlossen. Insbesondere in Prozessen des organisationalen Wandels besteht die Führungsherausforderung darin, diese Stärken in den vorhandenen Strukturen und Prozessen zu identifizieren und als Ressourcen zu nutzen. Die

Widerstandsfähigkeit (Resilienz) einer Organisation wird wesentlich durch den kompetenten Umgang mit der gewachsenen Kultur bestimmt.

Gesellschaft

Die gesellschaftliche Akzeptanz für den organisationalen Wertbeitrag ist langfristig eine Überlebensbedingung für jede Organisation. Kunden, interessierte Öffentlichkeit, Politik und weitere Anspruchsgruppen verbinden mit einer Organisation Erwartungen, mit denen Führungskräfte umgehen müssen. Schaffen sie es, die unternehmerische Wertschöpfung mit diesen Erwartungen in Einklang zu bringen bzw. aus Sicht der Gesellschaft einen innovativen Wertbeitrag zu leisten, entstehen daraus wiederum neue Potenziale für das eigene Wachstum und damit das Überleben eines Unternehmens am Markt bzw. einer Organisation in ihrem relevanten Umfeld. Die Gesellschaft selbst bietet gewissermaßen das Umfeld für die Entdeckung neuer (Markt-)Potenziale. In dieser potenzialorientierten Sichtweise bildet die Gesellschaft den Möglichkeitsraum, in dem eine Organisation ihren Wertbeitrag leistet, diese damit auch selbst verändert und durch einen Gemeinwohlbeitrag (Public Value) voranbringt.

Globalisierung und Digitalisierung stellen neue Anforderungen an Führungskräfte. Das Leipziger Führungsmodell liefert einen praxisnahen, einfachen und robusten Impuls, wie Entscheider die Zukunft erfolgreich meistern können.

Georg Fahrenschon
Präsident des Deutschen Sparkassen- und Giroverbandes

6. Spannungsfelder

Jegliche Art Modell oder Theorie, das bzw. die Orientierungen und Empfehlungen für die Praxis geben will, steht vor der Herausforderung, dass die Realität hochkomplex ist und der gleiche Ratschlag in verschiedenen Situationen angesichts jeweils unterschiedlicher Rahmenbedingungen sinnvoll oder verfehlt sein kann. Aus einer problemorientierten Sichtweise ist es unter diesen Umständen eine gute Heuristik, sich nach der Bestimmung der grundlegenden Ziele und Kriterien den Herausforderungen zu widmen, die im Zuge der Zielerreichung auftreten können. Dies geschieht hier durch die Thematisierung typischer Konfliktfelder guter Führung:

- Purpose und Verantwortung
- Verantwortung und Effektivität

- Effektivität und Unternehmergeist
- Unternehmergeist und Verantwortung

Purpose und Verantwortung

Entsprechend der Logik des hier vorgestellten Führungsmodells wird Verantwortung als eine zu erfüllende Randbedingung für die Realisierung des jeweiligen Purpose verstanden. Nicht jeder Purpose kann auf verantwortliche Weise umgesetzt werden; es verbieten sich solche Purposes, die nicht realisiert werden können, ohne systematisch unverantwortlich zu handeln, d. h. ohne systematisch legitime Vertrauenserwartungen zu verletzen. Das *Wie* der Verantwortungsdimension ist damit dem *Warum* bzw. *Wozu* des Purpose

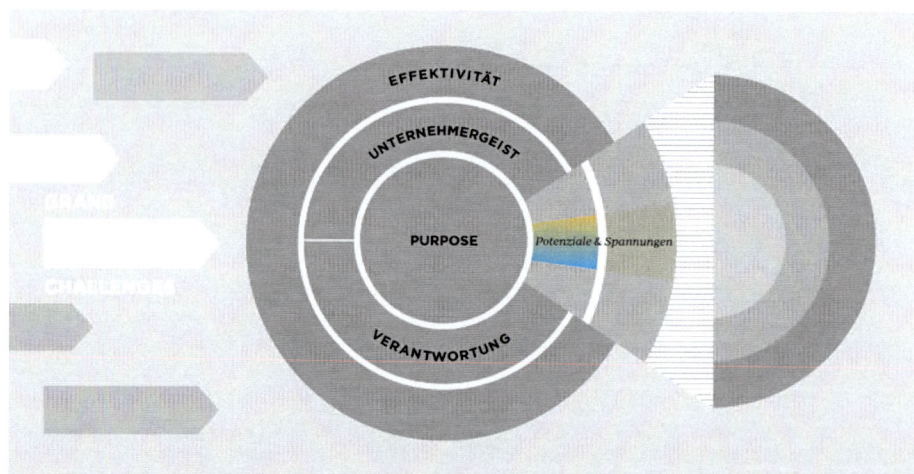

Den Interaktionen zwischen Führungskräften und Mitarbeitern sowie anderen Stakeholdern ist eine zentrale Bedeutung im Rahmen effektiver Führung beizumessen.

nicht strikt untergeordnet, sondern setzt ihm auch Grenzen.

Generell lässt sich sagen, dass solche Purposes in Konflikt mit der Verantwortungsdimension geraten, deren Realisierung (wahrscheinlich) nicht möglich ist ohne Schädigung der legitimen Interessen Dritter oder der Umwelt. Indes dürfte gelten, dass es, abgesehen von sehr spezifischen Zielsetzungen, angesichts des typischen Allgemeinheitsgrads, den Bestimmungen eines Purpose üblicherweise aufweisen, seltener zu solchen Konflikten kommen wird. Die grundlegenden Zielsetzungen von Organisationen sind – aus guten Gründen – zumeist so gehalten, dass sie allgemeine Zustimmung finden können. Konflikte treten jedoch oft auf im Hinblick auf die Umsetzung.

Verantwortung und Effektivität

Wie oben dargestellt, bedeutet Effektivität vor allem, den allgemeinen und abstrakten Purpose zu konkretisieren durch Entwicklung eines Systems von messbaren Zielen und die Ableitung von Strategien zur Zielerreichung. Als fünf zentrale Komplikationen im Hinblick auf effektive Führung lassen sich grundsätzlich zunächst folgende Aspekte ansprechen:

Zielkonflikte: Die Operationalisierung des institutionellen Beitrages zum großen Ganzen in Zieldimensionen führt vielfach zu mehrdimensionalen Zielsystemen, in denen Ziele untereinander und im Zeitablauf in einer konfliktären Beziehung stehen können.

Zeitdimension: Besondere Herausforderungen einer effektiven Führung bestehen in der Verknüpfung von kurzfristigen und langfristigen Zielsetzungen unter Einbeziehung von externen Effekten.

Kommunikation: Den Interaktionen zwischen Führungskräften und Mitarbeitern sowie anderen Stakeholdern ist eine zentrale Bedeutung im Rahmen effektiver Führung beizumessen. Gerade in Zeiten des Wandels nimmt die Notwendigkeit von interdisziplinären und abteilungsübergreifenden Dialogen zu, wobei das Verständnis für die jeweiligen Disziplinen und Sichtweisen des anderen vielfach nicht besteht bzw. nur mühsam hergestellt werden kann. Trotz einer Kommunikation führen häufig Fehlinterpretationen und mangelndes Kontextverständnis zu Effektivitätseinbußen in der Führung.

Ressourcenkonkurrenz: Die Funktionen von Führung und Management werden in der Literatur nicht klar abgegrenzt und sie werden vielfach in Personalunion wahrgenommen. Hieraus ergibt sich das Dilemma, dass die oben dargestellten Funktionen von Führung und Management in zeitlicher Konkurrenz zueinander stehen, d. h. wenn Zeit in das Funktionieren des Managementsystems investiert wird, so fehlt diese gegebenenfalls. für die Bewältigung von Führungsaufgaben.

Externe Effekte: Die richtigen Dinge zu tun verlangt ein Verständnis für die mit der Führung einer Organisation entstehenden Externalitäten, die positive und negative Langzeitwirkungen erzeugen können. Vielfach führen mangelnde Erkenntnisse über negative Externalitäten sowohl bei Führungskräften, Experten wie auch Stakeholdern dazu, dass sich ein zunächst als richtig angesehener und eingeschlagener Weg als falsch erweist. Verantwortliche Führung wird in diesem Fall ehrlich und transparent darlegen müssen, dass Fehler begangen wurden, weil der Wissensfortschritt tradierte Verhaltensweisen entwertet bzw. konterkariert hat.

Insbesondere jedoch, wenn es explizit darum geht, gute Ergebnisse zu erzielen, die durch gute Führung realisiert werden sollen, zeigen sich weitere grundlegende Spannungen, die es zu thematisieren gilt. So existiert eine Vielzahl von Situationen, in denen es möglich sein kann, gute Ergebnisse auf unverantwortliche Weise, d. h. durch Enttäuschung legitimer Vertrauenserwartungen, zu erzielen. Wettbewerbsfähigkeit und Gewinne – um zwei typische Zielinhalte der Effektivitätsdimension zu nennen – lassen sich unter Umständen auch dadurch realisieren, dass Informationsasymmetrien zulasten anderer ausgenutzt, soziale oder ökologische Standards gesenkt oder Kosten externalisiert werden. All dies sind typischerweise Formen unverantwortlichen Handelns. Diese Konflikte resultieren oft aus dem Zwang, innerhalb bestimmter Zeitvorgaben und unter dem Druck gewisser Anspruchsgruppen bzw. dem Wettbewerb, spezifische Ziele, die etwa an Key Performance Indicators festgemacht werden, zu erreichen. Aspekte der Verantwortungsdimension, die in aller Regel weniger gut und teilweise auch gar nicht messbar sind, können dem leicht zum Opfer fallen.

Die zentrale Herausforderung im unternehmerischen Alltag stellt sich dann in Form der Frage, warum (kurzfristige) Möglichkeiten der Kostensenkung und/oder Gewinnsteigerung (je zulasten Dritter) nicht wahrgenommen werden sollten. Eine rein akademische Antwort einer Unternehmensethik reicht hier nicht aus. Vielmehr muss sich der „Verzicht" auf unverantwortliche, kurzfristig indes effektiv erscheinende Strategien und Handlungen letztlich als Investition erweisen, nämlich als Investition in die Reputation als verlässliches Unternehmen bzw. als verlässlicher Partner, wie es schon Robert Bosch treffend formulierte: „Ich verliere lieber Geld als Vertrauen." Der Führung kommt hierbei eine grundlegende Rolle zu. Denn

---

In einer Welt, in der sich das Tempo der Veränderung ständig beschleunigt, ist der einzige nachhaltige Wettbewerbsvorteil die Geschwindigkeit des Lernens. Dazu bedarf es allerdings einer neuen Führungskultur wie das Leipziger Modell sie darstellt.

Rolf Schrömgens
Gründer & MD trivago GmbH

sie ist es, die vorgibt, welche Strategien für welche Ziele wie umzusetzen sind. Sie muss die Werte und Leitlinien, wie sie typischerweise in einem Code of Conduct festgelegt sind, als aus dem Purpose hergeleitet verständlich machen können und aufzeigen, dass die aus der Verantwortlichkeit resultierenden, selbst auferlegten Beschränkungen deshalb nicht nur sinnvoll sind, sondern dass sie auch durchgesetzt werden. Indes gilt auch umgekehrt, dass es illusorisch wäre, jederzeit höchste Maßstäbe der Verantwortlichkeit hochhalten zu wollen. Die Umsetzung von Nachhaltigkeitsstrategien, die Förderung der Gesundheit und Sicherheit von Mitarbeitern, die Sicherung der Einhaltung von Menschenrechten entlang der Lieferkette usw. verursachen Kosten; mehr noch: Teilweise liegt die Sicherung der sozialen und ökologischen Standards nur begrenzt in der Einflusssphäre eines Unternehmens.

Hinzu kommen unterschiedliche und unterschiedlich durchgesetzte gesetzliche Rahmenbedingungen sowie kulturelle Unterschiede, die eine uneingeschränkte Umsetzung ethischer Werte und Prinzipien gar nicht möglich sein lassen. Hier zeigt sich eine grundlegende Aufgabe der Führung darin, die Ziele und Strategien der Effektivitätsdimension in einer Weise zu entwickeln, die eine möglichst weitgehende Konsistenz zum Purpose und zur Verantwortungsdimension aufweist – oder alltagsnäher formuliert: sicherzustellen, dass keine relevanten Inkonsistenzen auftreten, und dies im eigenen Interesse, da das Auftreten solcher Inkonsistenzen einhergehen kann mit erheblichen Reputationsschäden, eventuell auch rechtlichen Sanktionen.

Effektivität und Unternehmergeist

Mögliche Synergien zum Bereich Effektivität ergeben sich bei der Gestaltung der innovativen Kapazität. Eine auf Effektivität ausgerichtete Unternehmensführung stärkt die Fähigkeit des Unternehmens, neue Produkte und Prozesse möglichst effizient zu entwickeln und am Markt erfolgreich durchzusetzen. Dabei sind die Entscheidungsstrukturen und -abläufe, die Anreize sowie die Budgets eher auf das Ausschöpfen vorhandener als auf die Schaffung neuer Erfolgspotenziale ausgerichtet. Dem gegenüber erweist sich das Verhältnis zur Innovationskultur eher kritisch. Während die unternehmerische Innovativität auf Autonomie, kreative Freiräume und Risikobereitschaft angewiesen ist, begünstigt das Streben nach Effektivität eher die kontinuierliche Verbesserung vorhandener Prozesse und Strukturen sowie die Vermeidung von Fehlern und Risiken. Innovativität und Effektivität stehen hier in einem Spannungsfeld von Entrepreneurialism und Managerialism. Unternehmen versuchen ihre Effektivitätsziele vielfach dadurch zu erreichen, dass sie ihre Aktivitäten dem Produktlebenskonzept folgend in unterschiedliche Entwicklungsphasen technologischen und marktlichen Reifegrades unterteilen und die für die jeweilige Phase adäquate Form personell-organisatorischer Ausgestaltung und Führung wählen. Im Interesse eines ausgewogenen Portfolios treten regelmäßig durch interne Innovationsanstrengungen gewonnene oder durch Zukauf erworbene (Spin-ins) neue Geschäftseinheiten hinzu, während reife Geschäftseinheiten im Wege der Stilllegung oder durch Verkauf (M&A) abgetrennt werden. Inventionen, die vom Unternehmen nicht weiterverfolgt werden, werden entweder eingestellt oder als Spin-Offs an Dritte veräußert. Dies ist häufig auch mit einem Weggang von Mitarbeitern und Führungskräften verbunden und bedarf einer umsichtigen Planung, um negative Auswirkungen auf die Reputation und das Vertrauen in Unternehmen und Marke zu vermeiden.

Verantwortung und Unternehmergeist

Um einen Purpose in zugleich verantwortlicher und wirksamer Weise zu realisieren, ist es heute mehr denn je erforderlich, unternehmerisch zu denken, d. h. eigene Handlungsstrategien zu entwickeln und bereit und fähig zu sein, diese auf eigenes Risiko umzusetzen. Allerdings ist in diesem Verhältnis ebenfalls eine genuine Spannung angelegt.

So sind „Unternehmer" an sich darauf angewiesen, dass sie in Ordnungen agieren, die eine Vielzahl denkbarer Unsicherheiten und Risiken mindern oder ganz eliminieren und die vielfältigen Kooperationsbeziehungen auf eine hinreichende Basis wechselseitiger Verlässlichkeit stellen. Doch ist Unternehmergeist zugleich nicht selten damit verbunden, einen gewissen Bruch mit Bestehendem zu vollziehen. Dies kann auch bedeuten, dass Ordnungen punktuell in Frage gestellt werden. Mehr noch: Gerade in der heutigen Zeit raschen gesellschaftlichen Wandels, in der für viele neue Möglichkeiten der Produktion und der Vermarktung von Gütern und

Dienstleistungen noch keine robusten rechtlichen Rahmenbedingungen existieren und zudem auf globalen Märkten zahlreiche Regelungslücken bestehen, kann es naheliegen, diese Lücken und Defizite „unternehmerisch" zu nutzen und Geschäftsmodelle zu entwickeln, die darauf beruhen, die Nicht-Existenz von Schutzrechten Dritter (oder deren Nichtdurchsetzung durch den Staat) gewissermaßen zu Geld zu machen. Eine Variante davon sind Geschäftsmodelle, die unter Berufung auf ethische Vorstellungen (z. B. „sharing economy") bestehende Rechtsregeln als obsolet ansehen und deshalb ihre Nichtbeachtung als akzeptabel darstellen – womöglich unter Berufung auf den Purpose.

Auch hier stellt sich für Führung in ähnlicher Weise eine Herausforderung wie bei der Effektivitätsdimension. Es kann attraktiv erscheinen, Vorteile zu generieren, indem Möglichkeiten genutzt werden, fehlendes Wissen, Schwächen oder die Abhängigkeit anderer zum Vorteil zu nutzen, vor allem dann, wenn man es vermeintlich um eines höheren Ziels willen tut oder unter den Sachzwängen des Wettbewerbs glaubt, sich entsprechend rechtfertigen zu können. Dabei gilt auch in diesem Falle, dass es weder Rezepte geben kann noch dass einer der beiden Dimensionen der strikte Vorrang zu geben ist. Vielmehr besteht eben darin die Aufgabe guter Führung, nach Wegen der Vereinbarkeit zu suchen und den „Unternehmergeist" nicht zuletzt dadurch zur Geltung kommen zu lassen, dass man nach (neuen) Wegen sucht, Wertschöpfung in verantwortlicher und effektiver Weise zu realisieren.

7. Wertbeitrag

Gute Führung bedeutet, einen Beitrag zu einem größeren Ganzen zu leisten, den Dritte als sinn- und wertvoll erachten. Im Leipziger Führungsmodell misst sich die Führungsleistung konsequent am Wertbeitrag. Die Idee des Wertbeitrages zielt auf ganz unterschiedliche „Werte": Natürlich zählen dazu finanziell-ökonomische wie auch kulturelle, soziale und andere nicht-finanzielle Werte. Ein Wertbeitrag ist demnach ein Beitrag, der sich der Wertschätzung Einzelner oder von Organisationen und auch der Gesellschaft in einem Maße erfreut, dass er den Einsatz an Arbeit, Kapital und natürlichen Ressourcen mehr als rechtfertigt.

Ein angestrebter Beitrag an sich ist weder „gut" noch „schlecht". Die Akzeptanz entsteht im verantwortlichen Handeln und muss sich in der Praxis bewähren. Erst über den legitimierten Beitrag zu einem größeren Ganzen (Purpose) kann Führung beanspruchen, „Wert" zu schaffen. Wert wird damit in einer pluralistischen Gesellschaft auch zur Verhandlungssache. Gute Führung bemisst sich demnach daran, wie effektiv, verantwortungsvoll und unternehmerisch ein entsprechender Beitrag erreicht und damit in den Augen relevanter Dritter ein „Purpose" realisiert wird.

Inwieweit ein bestimmter Wertbeitrag erreicht wurde, liegt daher nur bedingt in der Hand der Führung. Diese Erfahrung begrenzter Wirkung entlastet auch die Führungskraft von überhöhter

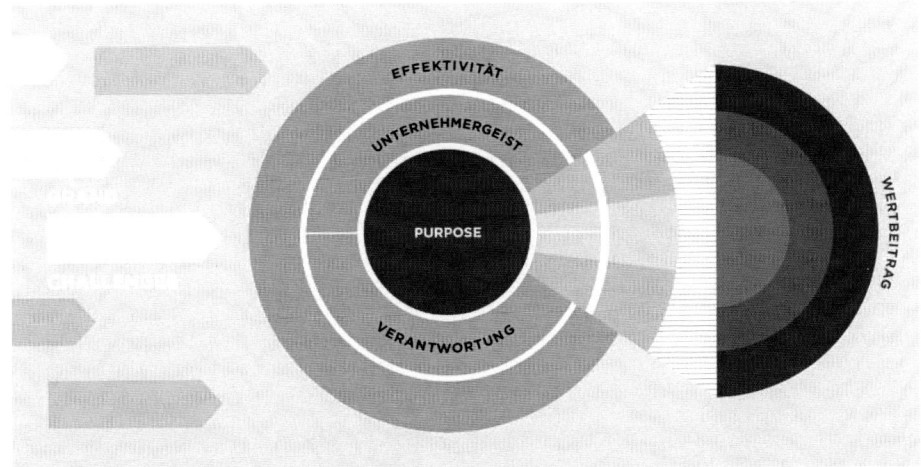

Verantwortungszuschreibung. Mit der Beitragslogik möchten wir ein realistisches Bild zeichnen, wonach Führungskräfte – im Sinne des postheroischen Managements – selbst Teil von komplexen Prozessen sind, die sie zwar beeinflussen, aber nicht mechanistisch steuern können.

Ein Wertbeitrag realisiert sich auf unterschiedlichen Ebenen:

Gute Führung bedeutet, einen Beitrag zu einem größeren Ganzen zu leisten, den Dritte als sinn- und wertvoll erachten. Im Leipziger Führungsmodell misst sich die Führungsleistung konsequent am Wertbeitrag.

Auf der individuellen Ebene reicht dies von fundamentalen Sicherheits- und Schutzbedürfnissen, der Arbeitszufriedenheit und psychischen Gesundheit, der Stärkung des Leistungswillens und der Kreativität bis hin zur Möglichkeit der Kompetenzentwicklung und Persönlichkeitsförderlichkeit.

Ein Wertbeitrag auf der organisationalen Ebene zielt zunächst ganz allgemein auf die Lebensfähigkeit als produktives soziales System, auf die Entwicklungs- und Wachstumsfähigkeit und schließt dabei ganz unterschiedliche Aspekte ein, z.B. Steigerung der Wettbewerbsfähigkeit, der Arbeitgeber- und Kapitalmarktattraktivität und der gesellschaftlichen Akzeptanz.

Wertbeiträge für die Gesellschaft umfassen u.a. die Wohlstandssicherung, die Sicherung von Arbeitsplätzen und einen schonenden Ressourcenverbrauch, aber auch die Stärkung der gesellschaftlichen Ordnung durch das Vorleben von verantwortungsvollem Unternehmertum. Neben dieser Stabilisierungsfunktion sind Organisationen aber auch Treiber der Veränderung und des gesellschaftlichen Fortschritts durch Innovation und neue Problemlösungen für drängende gesellschaftliche Herausforderungen sowie die Wohlstandsmehrung. Auf den Punkt: Der gesellschaftliche Wertbeitrag einer Organisation bemisst sich am Public Value, d.h. am Beitrag zum Gemeinwohl, dessen Erhalt und innovativer Weiterentwicklung.

Spätestens seit der Finanzmarktkrise reift die Erkenntnis, dass Führung Orientierung braucht und Unternehmen langfristig nur erfolgreich sein können, wenn sie eine breite Akzeptanz in der Öffentlichkeit haben. Das Leipziger Führungsmodell zielt auf diese Akzeptanz durch die Betonung des Beitrags zu einem größeren Ganzen sowohl auf der Unternehmensebene als auch auf der individuellen Ebene und gibt praktikable Antworten auf die Frage nach Good Governance. Dieses Modell war überfällig und hilft uns unser zunehmend kritisiertes System der sozialen Marktwirtschaft zu verteidigen.

Dr. Margarete Haase
Vorstand Deutz AG

8. Kernthesen

Purpose

1. Die Orientierung am Purpose ist eine zentrale Quelle, um Motivation zu erzeugen und produktive Energie freizusetzen.
2. Ein stimmiger Purpose ist die Voraussetzung, um individuelle und gesellschaftliche Akzeptanz für den Wertbeitrag einer Organisation aufzubauen.
3. Ein klarer Purpose liefert den Schlüssel, um Konflikte zu überwinden und Entwicklungsperspektiven zu eröffnen.
4. Eine gelungene purposeorientierte Führung beginnt mit der kompetenten Selbstführung der einzelnen Führungskraft.

Verantwortung

1. Verantwortung heißt, legitime (Vertrauens-)Erwartungen zu respektieren, d. h. sie – soweit möglich – zu erfüllen.
2. Verantwortung manifestiert sich im Handeln, im Reden und in der Beachtung – und gegebenenfalls Gestaltung – von Regeln.
3. Verantwortungsübernahme muss anreizkompatibel sein.
4. Konkret bedeutet Verantwortungsübernahme vor allem, die Vermeidung und ggf. Sanktionierung von Unverantwortlichkeit zu organisieren.

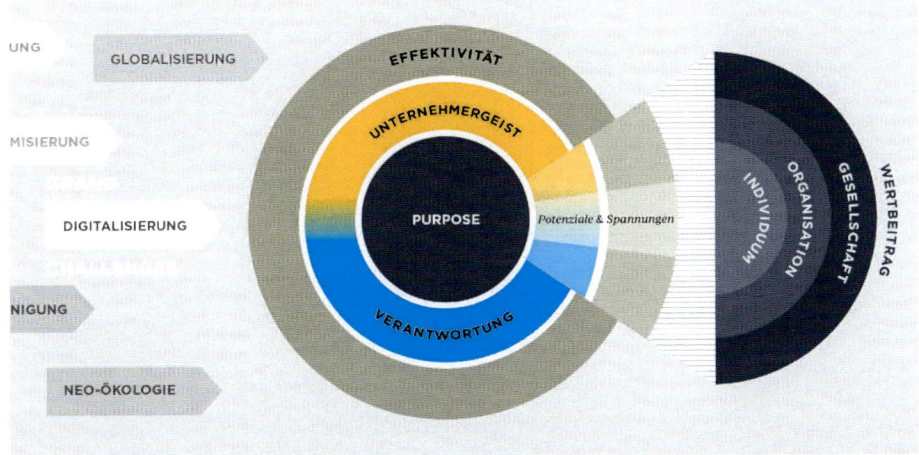

Unternehmergeist

1. Unternehmertum trägt zur Sicherung der Innovations- und Überlebensfähigkeit von Organisationen und Gesellschaften bei.
2. Unternehmerische Führung zeichnet sich durch Proaktivität, Ambiguitätstoleranz, eine offene Fehlerkultur und Risikobereitschaft aus.
3. Gute Führung sorgt für die notwendigen Freiräume und die Offenheit, um die Innovativität jedes Einzelnen und der Organisation als Ganzes zur Entfaltung zu bringen.
4. Gute Führung schafft die Balance zwischen Invention und Imitation sowie zwischen Exploration und Exploitation und ermöglicht das Nebeneinander von alten und neuen Paradigmen (Ambidextrie).
5. Unternehmerische Führung schafft dynamische Fähigkeiten und fördert den engen internen und externen Austausch durch flexible organisatorische Strukturen und die Gründung neuer Organisationen.
6. Gute Führung investiert in innovationsfreundliche Rahmenbedingungen und trägt aktiv dazu bei, die innovative Kapazität des Standortes und der Gesellschaft zu stärken.

Effektivität

1. Effektive Führung übersetzt den Purpose in zielorientiertes und wirksames Handeln.
2. Führungskräfte müssen die richtigen Dinge zur Erreichung eines Wertbeitrags tun, d. h. effektiv handeln. Im Management steht hingegen der Anspruch im Vordergrund, die richtigen Dinge richtig zu tun, d. h. effizient zu handeln.
3. Gerade in Zeiten des Wandels sind Führungskräfte aufgefordert, die Wirksamkeit der Effizienz von Organisationen betont zu hinterfragen. Geschieht dies nicht, so besteht die Gefahr, dass sich Organisationen bei veränderten Rahmenbedingungen immer intensiver der Effizienz von falschen Strategien widmen.
4. Effektive Führung erfordert von Führungskräften die Übernahme einer proaktiven Steuerungs-, Kommunikations- und Koordinationsfunktion.
5. Effektivität stellt eine Voraussetzung dafür dar, dass sich Institutionen im Wettbewerb behaupten können. Dabei kann die Handhabung von Zielkonflikten besondere Herausforderungen an Führungskräfte stellen.
6. Effektive Führung setzt zunächst bei der Führungsperson selbst sowie auf der interpersonalen, institutionellen und gesellschaftlichen Ebene an.

9. Curriculare Einbettung des Leipziger Führungsmodells

1. Ausgangspunkt der Betrachtung

In den vergangenen Jahren ist das Verlangen nach einem die aktuellen wirtschaftlichen und auch gesellschaftspolitischen Herausforderungen erfassenden Führungsmodell immer lauter geworden. Die HHL Leipzig Graduate School of Management trägt diesem praktischen Bedürfnis mit ihrem Leipziger Führungsmodell Rechnung.

Mit dem Leipziger Führungsmodell wird die stets existierende Herausforderung von Führung neu angegangen, nämlich andere Menschen für vor uns liegende Aufgaben zu gewinnen und ihnen Orientierungshilfen darzubieten. In Zeiten der Globalisierung, Digitalisierung und ökologischen Herausforderungen geht es nicht mehr nur darum, kurzfristige Erfolge zu erzielen, sondern vielmehr darum, Erfolge in einer Art und Weise zu realisieren, die dabei nicht die Bedingungen für künftigen Erfolg verletzen. Daher ist die Haltung einer Führungskraft von entscheidender Bedeutung in diesem Kontext.
Wird von zu vermittelnden Orientierungshilfen gesprochen, so sind entwicklungsfähige Orientierungen gemeint. Heuristiken für die Führungspraxis werden gefordert, die problemorientiert, einfach, robust und anschlussfähig sind.

Das Menschenbild selbst ist von individueller Freiheit und menschlicher Fehlbarkeit geprägt. Führung als Einflussnahme auf andere Menschen muss sich zudem stets rechtfertigen lassen – als Beitrag zu einem größeren Ganzen. Führung geschieht im Rahmen einer Organisation als übergeordneter Einheit. Diese Organisation ist aus gesellschaftlicher Sicht Adressat vielfältiger rechtlicher wie gesellschaftlicher Forderungen. Die Führungskraft muss die Struktur und das Bild der Organisation unter Wettbewerbsbedingungen repräsentieren, gestalten und kommunizieren. Zugleich sind die Grenzen von Führung klar darzulegen: Es geht um Zusammenarbeit zum gegenseitigen Vorteil. Verlässliche Governance-Strukturen sind hierbei unterstützende Elemente, um Führungskräften in Form der Begrenzung ihrer Verantwortlichkeiten sowie der verlässlichen Kontrolle und Sanktionierung ihres Handelns Hilfestellung zu geben. Mit dem Leipziger Führungsmodell sollen aktuelle Fragestellungen der Unternehmensführung einer Lösung zugeführt werden. Das Handwerkszeug hierfür ist frühzeitig im Rahmen des Studiums und der intensiven theoretischen wie praktischen Auseinandersetzung mit ökonomischen Fragestellungen zu vermitteln. Eine kritische und lösungsorientierte Vorgehensweise zum Wohle aller ist das Ziel.

2. Rahmenbedingungen des Leipziger Vollzeit-M. Sc.-Curriculums

Die HHL Leipzig Graduate School of Management hat sich zum Ziel gesetzt, den Führungsnachwuchs von morgen auszubilden. Ein hehres Ziel, das es gilt, mittels eines zielorientierten und konsistenten Curriculums umzusetzen.

Die HHL gibt mit ihrem M. Sc.-Curriculum Antworten auf drei wesentliche Fragen des aktuellen Wirtschaftslebens, und zwar:

- *Warum* benötigen wir Führung?
- *Was* ist zu tun, um Führung effektiv zu gestalten?
- *Wie* ist Führung zu operationalisieren?

Indem wir, die HHL, Antworten auf die oben genannten Fragen finden, machen wir nicht nur die Studierenden unseres M. Sc.-Studiengangs bereit für ihre kommenden Aufgaben, sondern befähigen diese zugleich, die ganzheitlichen Implikationen ihres unternehmerischen Handelns zu verstehen.

Grundlage der hier aufgeworfenen und mit dem Studium zu beantwortenden Fragestellungen sind die Führungsdimensionen des Leipziger Führungsmodells: Purpose (Warum?), Effektivität (Was?) sowie Verantwortung (Wie?) und Unternehmergeist (Wie?).

Die *Purpose-Dimension* des Leipziger Führungsmodells ist der Kern des Führungsmodells und beantwortet die zentrale Frage nach dem Warum von Führung. Diese Frage beginnt bei der einzelnen

Führungskraft, der Selbstführung. Führungskräfte rechtfertigen Macht und Einfluss auszuüben, damit, dass sie einen motivierenden Beitrag zum großen Ganzen leisten. Nicht Rollen, Hierarchien oder Status sind für sie Triebfedern des eigenen Handelns. Übertragen auf den Gesamtunternehmenskontext sind diese individuellen Ziele mit den kollektiven Zielen zu verknüpfen, um eine gemeinsame Zielausrichtung zu erlangen. Schließlich ist Führung auf das gesellschaftliche Umfeld zu übertragen. Die zentrale Führungsaufgabe besteht hiernach darin, eine Organisation zu einer Institution zu entwickeln, die für Werte und Normen steht.

Die *Effektivität* als Führungsdimension beschreibt grundsätzlich ein Maß für die Wirksamkeit zielorientierten Handelns. Da wir uns in Zeiten der skizzierten Herausforderungen mit der Notwendigkeit konfrontiert sehen, multiple Zielinhalte zu verfolgen, macht es effektive Führung erforderlich, unterschiedliche Zielinhalte zu identifizieren und bei der Bestimmung von Ausmaß und Zeitbezug Zielkonflikte zu erkennen und möglichst zu überwinden.

Das Wie der Operationalisierung von Führung wird durch die Dimensionen *Verantwortung* und *Unternehmergeist* erfasst und thematisiert. Konkret wird unter Verantwortung die Erfüllung legitimer Vertrauenserwartungen verstanden, welche sich wiederum mittels der Handlungsverantwortung, der Ordnungsverantwortung und der Kommunikationsverantwortung erklären. Mit der Dimension Unternehmergeist wird hingegen die Innovationsorientierung eines Unternehmens umschrieben. Grundlegend sind hiermit die kulturellen wie organisatorischen Fähigkeiten gemeint, neue Ideen aufzugreifen und umzusetzen. Ergänzend machen den Unternehmergeist Elemente wie Proaktivität, Ambiguität und Risikobereitschaft aus. Führungskräften im Unternehmen ist das Eingehen von Risiken anzuvertrauen und mit ihnen die Begeisterung zu teilen, eigene Ideen zu entwickeln und deren Umsetzung voranzutreiben.

Mit der Beantwortung der Fragen nach dem Warum, Was und Wie von Führung im Rahmen des Leipziger Vollzeit-M.Sc.-Curriculums geht die HHL bewusst einen anderen Weg als andere nationale wie auch internationale wirtschaftswissenschaftliche M.Sc.-Studienangebote. Sie will bewusst die kritische Auseinandersetzung mit unternehmerischer Führung vor dem Hintergrund aktueller Entwicklungen fördern und somit die Studierenden zur aktiven Reflexion des erlernten Wissens anhalten.

3. Das Curriculum: Die Beantwortung relevanter unternehmerischer und gesellschaftlicher Fragestellungen

Das Curriculum des Vollzeit-M.Sc.-Programms der HHL besteht aus drei wesentlichen Bausteinen, welche im Überblick in der Abbildung unten dargestellt werden. Dies sind die Kernmodule oder Grundlagenfächer (core modules), die Wahlmodule (elective modules) und die finale Masterarbeit.

Das Vollzeit-M.Sc.-Curriculum der HHL verfolgt einen General Management-Ansatz und führt mit seinen zahlreichen Modulen und Wahlmöglichkeiten in die verschiedenen Themenbereiche der Betriebs-, aber auch Volkswirtschaftslehre ein. Das Leipziger Führungsmodell ist in diesem Zusammenhang die Grundlage des GeneralManagement-Ansatzes. Die Kernmodule orientieren sich an den Dimensionen des Modells wie Effektivität (Effectiveness), Verantwortung (Responsibility) und Unternehmergeist (Entrepreneurial Spirit). Der Führungsgedanke

CORE MODULES	ELECTIVE MODULES	MASTER THESIS
Customer & Corporate Value	Innovation Management & Entrepreneuership	
Purpose & Entrepreneurial Spirit	Strategy	
Effective Leadership	Finance	
Economic Thinking	Reporting & Investor Relations	
Responsibility	Marketing Management	
Practical Experience	Value Chain Management	
Study Abroad	Markets, Information & Incentives	
	Advances in Leadership, Economics and Management	

Grundstruktur des Vollzeit-M.Sc.-Curriculums der HHL

selbst und damit die Auseinandersetzung mit dem Warum von Führung geschieht explizit in zwei Kernmodulen des Curriculums. Begriff und Bedeutung (Leadership Purpose) sowie Operationalisierung (Leadership Competencies) von Führung werden kritisch diskutiert. Durch die Sensibilisierung für das Warum von Führung werden die Studierenden erstmalig zur kritischen Auseinandersetzung mit etablierten betriebs- wie volkswirtschaftlichen Modellen gezwungen. Zugleich wird das Interesse für die Beantwortung des Was und des Wie in den vertiefenden Wahlmodulen geschaffen. Mit den Wahlmodulen wird den Studierenden die Möglichkeit geboten, sich konkret auf die Herausforderungen der Praxis in der angemessenen theoretischen Tiefe auseinanderzusetzen. Die Auswahl orientiert sich am General Management-Ansatz und erfasst die relevanten Unternehmensbereiche, deren Kenntnis für eine erfolgreiche Unternehmensführung unabdingbar ist. Die Ausgestaltung der Lehrinhalte und Lehrmethoden orientiert sich an den Kernelementen des Leipziger Führungsmodells. Die Studierenden werden mit den einschlägigen Theorien vertraut gemacht. Auf der Grundlage von Gruppendiskussionen und Fallstudienarbeit werden Unternehmergeist, Verantwortungsbewusstsein, Führungsfähigkeiten und Effektivität gefördert.

Der Studiengang zeichnet sich alles in allem durch folgende Charakteristika aus:

Interdisziplinarität
Die Lehrenden diskutieren aktuelle Themen ihres Faches mit Partnern aus der Fakultät, um eine interdisziplinäre Sicht-weise auf Fragestellungen des eigenen Bereichs zu vermitteln. Eine isolierte Betrachtung von bspw. Marketing-Themen oder Finanzierungs-Themen war gestern, das Verständnis für Zusammenhänge ist der Wissensbedarf von morgen, der auch einen Blick über die betriebswirtschaftlichen Disziplinen hinweg erfordert.

Praxisrelevanz
Die HHL Leipzig Graduate School of Management befindet sich in ständigem Austausch mit Wirtschaftsvertretern, um die eigenen theoretischen Ansätze und Konzepte dem Praxistest zu unterziehen. Exzellente Forschung mit Blick für die Praxis ist das Ziel. In der Lehre werden die Studierenden bereits frühzeitig mit Praxisprojekten betraut. Diese Projekte greifen aktuelle unternehmerische Problemstellungen auf, die es gilt, mit und für einen Praxispartner zu bearbeiten. Die Studierenden entwickeln Lösungen oder generieren innovative Ideen für die Praxispartner.

Persönliches Coaching
Die HHL Leipzig Graduate School of Management ist die DIE persönliche universitäre Hochschule in Europa. Aus diesem Grund geht die HHL einen Schritt weiter als andere Business Schools: Mit dem freiwilligen Angebot des Kompetenz-Coachings *Neue Leipziger Talente* wird HHL-Studierenden zu Beginn ihres Studiums im Austausch mit erfahrenen Coaches Raum für Reflexion und Optimierung des eigenen praktischen Handelns eröffnet. Ausgehend von Erkenntnissen der aktuellen Kompetenzforschung und im Einklang mit der Mission und Vision der HHL Leipzig Graduate School of

Management, wurden als Grundlagen des HHL Kompetenz-Coachings vier besonders erfolgskritische Kompetenzen abgeleitet und in ein Kompetenzmodell übersetzt (www.newleipzigtalents.com: Competencies: Self Reflection, Earning Trustworthiness, Social Mindfulness und Entrepreneurial Spirit).

Erlangung von Prozesskompetenz
Der Lern- und Entwicklungsprozess der gesamten Studierendengruppe wird kontinuierlich begleitet und in entsprechenden Feedbacksessions reflektiert. So können Lernpotenziale identifiziert, optimaler entfaltet und genutzt werden. Prozessreflexion und Prozesssteuerung können die Studierenden zugleich am Beispiel des eigenen Gruppenprozesses erleben und erlernen.

Internationale Erfahrung
Integraler Bestandteil des Curriculums ist das Auslandssemester an einer der 130 Partneruniversitäten der HHL Leipzig Graduate School of Management. Neben der fachlichen Vertiefung bietet das Auslandssemester den Studierenden die Möglichkeit, ihr persönliches wie auch berufliches Netzwerk zu erweitern. Überdies können interkulturelle Kompetenzen als relevanter Führungsbaustein erlangt bzw. ausgebaut werden.

4. Künftige Entwicklung: Das Curriculum als Startpunkt lebenslangen Lernens

Mit dem Vollzeit-M.Sc.-Curriculum verfolgt die HHL Leipzig Graduate School of Management das Ziel, den Führungsnachwuchs von morgen auszubilden. Gleichzeitig sollen die Studierenden auf der Grundlage dieses Curriculums befähigt werden, sich kontinuierlich in den einschlägigen Wissensbereichen weiterzubilden.

Das Vollzeit-M.Sc.-Curriculum der HHL selbst wird kontinuierlich dem Praxistest unterzogen, um sicherzustellen, dass mit der in Leipzig angebotenen Ausbildung ein Praxisbedarf gedeckt wird. Flexibilität und Anpassungsfähigkeit zeichnen das Curriculum folglich aus.
Den erfolgreichen Absolventinnen und Absolventen des Masterprogramms der HHL wird mittels der HHL Executive auch nach ihrem Studienabschluss die Möglichkeit gegeben, sich mit den aktuellsten General Management-Themen vertraut zu machen und somit auf der Höhe der Diskussion zu bleiben. Das lebenslange Lernen findet im M.Sc.-Curriculum somit seinen Startpunkt.

Die Ausbildung an und die Weiterbildung mit der HHL Leipzig Graduate School of Management stellen folglich die Grundlage für den künftigen Erfolg einer Führungspersönlichkeit vor dem Hintergrund der Herausforderungen des digitalen Zeitalters dar.

Danksagung

Wir danken der Heinz Nixdorf Stiftung für ihre großzügige ideelle und finanzielle Unterstützung bei der Vorbereitung, Durchführung und Dokumentation des Theorie-Praxis-Dialogs „Führung neu denken" sowie den darauf aufbauenden Aktivitäten zur Entwicklung des Leipziger Führungsmodells und dessen Veröffentlichung sowie der anschließenden öffentlichen Diskussion.

The Leipzig Leadership Model

1. Greetings

Dr. Tessen von Heydebreck

Chairman of the Supervisory Board at HHL, i.a. Chairman of the Board of Trustees of Deutsche Bank Foundation, Member of the Supervisory Board of Deutsche Postbank AG

Leadership is our daily bread

All individuals, from simple laborers to the executive board, are constantly confronted with a number of leadership tasks in their field of activity but remain dependent on somebody else's leadership in many other areas within their position in society as a whole. Good leadership is, in this respect, a substantial link amongst humans living together successfully. It still represents a valuable asset whose development requires personal commitment, experience and character on the one hand; but on the other hand, orientation and reflection to make decisions in different contexts that are appropriate to the situation and, at the same time, sustainable.

The Leipzig Leadership Model provides a concept that faces the challenges of our time and encourages a comprehensive understanding of leadership in the areas of tension between political instability and social change. Complementary to established systemic management models, the Leipzig Leadership Model places the individual at the center once again and defines itself as a scientifically-based compass that offers leaders a theoretical guide to systematically implement effective leadership competencies within their specific fields of activity.

Entrepreneurial optimism and responsible action are central theoretical as well as practical guiding principles which determine the successful realization of forward-looking prospects of our present time both on an individual level as well as for society as a whole. The Leipzig Leadership Model presented in this publication is a trendsetting step in that direction.

HHL Leipzig Graduate School of Management is deeply indebted not only to its highly-committed academics and staff but also to the members of the boards. Valuable advice and constructive criticism from the ranks of Supervisory Board, Board of Trustees and the Shareholders' Meeting complemented the academic focus with important stimuli from economy and politics and emphasize the interdisciplinary and dialogue-oriented approach of an innovative new leadership concept that is based on perpetual development and therefore constantly requires stimulation and criticism. In this sense, one hopes the model will see a productive discursive exchange and a successful transfer into the real-life application of daily leadership.

Dr. Tessen von Heydebreck

Prof. Dr. Ulrich Lehner

Chairman of the Board of Trustees at HHL, i. a. Member of the Shareholders' Committee of Henkel AG & Co. KGaA, Chairman of the Supervisory Board of Deutsche Telekom AG

Ladies and Gentlemen,

The economy is not the most important, but certainly the most necessary, subsystem of society. This system serving the general interest must be shaped with effectiveness and efficiency.

Economic operations occur in increasingly difficult situations, national standards are challenged due to regional competition, companies due to market rivalries. Challenges for entrepreneurs are becoming more diverse. The economy as a subsystem is part of a complex web of relationships with other subsystems of society.

Representatives need to act with composure, taking responsibility for their company, their staff and all groups affiliated with the company. They must, over and over again, confirm their confidence in the system, and in this social market economy, through their actions – in their own interest as well as in the interest of society. We must keep in our sight the question: What do we owe each other?
Leadership in companies is target-oriented communication based on values and good craftsmanship, which needs to be taught both in theory as well as in practice. Entrepreneurial action only fulfills the self-interest of its agents by serving a social purpose.

I am very pleased that with the Leipzig Leadership Model a comprehensive concept of company leadership has been developed which will be reflected in the curriculum and later contribute to successful, sustainable economic activities.

Best regards,
Prof. Dr. Ulrich Lehner

Dr.-Ing. Horst Nasko

Deputy Chairman of the Board of Heinz Nixdorf Foundation and Westfalen Foundation

Ladies and Gentlemen,

Phases of fast technological and economic changes and the crises coming along with them pose tremendous challenges to executives in the economy, administration and politics. Because it is essential for them to adapt to new developments quickly and with foresight, and at the same time bring staff members, customers and suppliers along this path with the goal of shaping the consequences of those changes as positively as possible in their own interest as well as in the interest of sustainable company success.

Entrepreneurs and economies can only hold out against competitive pressure, which continues to increase due to digitalization and globalization, if people feel confident about the purpose of their own organizational and social efforts and if they are able to see a positive value contribution for themselves and others. That particularly includes the responsible use of limited natural resources.

Therefore, the way executives and staff members think and act needs to be seen more as a holistic process, economic tension must be exposed and neutralized while prospects and potential are elevated. Against this background, the Leipzig Leadership Model presents a substantive concept that offers guidelines for both effective as well as responsible management. It offers specific suggestions for meeting the great challenges of our time with an entrepreneurial attitude that does not see the pursuit of innovation and efficiency as adversarial to a sense of responsibility, but rather as a complementary condition of sustainable management culture.

In this sense, I am very pleased to call your attention to a new leadership model within this publication. It was developed by HHL Leipzig Graduate School of Manage-ment over several years via an intensive, pluralistic theory-practice dialogue, and which is now being opened up for further discussion to experts and the interested public. In addition, it provides decision makers with guidelines that are both simple enough as well as resilient so as to better engage themselves with their complex leadership topics and to be able to prepare and carry out their decisions effectively, innovatively and responsibly.

With its holistic orientation and its plea for individual leadership responsibility, which also takes into account the greater good, the Leipzig Leadership Model contributes significantly to maintaining and securing vital basic conditions for the functionality of a social economy within a pluralistic, prospering and forward-looking society.

Best regards,
Dr.-Ing. Horst Nasko

1. Introduction

Motivation and Goals

Leadership has always been challenging. This holds particularly true in times of fundamental change, which, driven by globalization and digitalization, we are experiencing nowadays. These developments can be compared to the industrial revolution and entail a vast number of new challenges but also opportunities, which (entrepreneurially-minded) leaders must understand and utilize in a responsible manner. The changes are being accompanied by a need for environmental action in order to prevent further overexploitation of the natural resources and to increase the ability to resist and cope with the advancing phenomenon of climate change.

New demands from leaders follow from this. They must develop suitable capabilities as well as intercultural and digital competencies to face the fundamental change and measure its consequences for the good of society and maintain the

The changes are being accompanied by a need for environmental action in order to prevent further overexploitation of the natural resources and to increase the ability to resist and cope with the advancing phenomenon of climate change.

ecological basis of life. At the same time, a growing number of economic, social and political conflicts as well as the increasing complexity of leadership tasks accompanied by a shortening of the planning and decision-making intervals make it necessary to *rethink leadership*. Questions on the *why* and *what for*, the *what* and *how*, as well as the consistency of the respective answers to these questions, are gaining a new type of significance particularly regarding the latest generation of junior executives.

Being the first business school in the German-speaking area, HHL started early on to focus on responsible leadership.

HHL is one of the trend setters for a comprehensive understanding of leadership within the areas of teaching and research of Business Ethics, Business Psychology and Leadership, Innovation & Entrepreneurship, Strategy as well as Corporate Governance and Sustainability & Competitiveness. This has been aided as well by close cooperation with the Wittenberg Center for Global Ethics. The vision of a *Leipzig School of Sustainable Entrepreneurial Leadership* is at the core of the *innovate*125 HHL Future Concept (Pinkwart 2012).

Steps Along the Way to the Leipzig Leadership Model

Developed in close dialogue with science, the economy and politics, the Leipzig Leadership Model is oriented towards the long term, including both the latest research results as well as knowledge from the previously integrated HHL model of management (Meffert 1998). Over the last five years, HHL hosted and documented five major forums on the topic of 'Rethinking Leadership' welcoming over 100 experts from academia, the economy, media and politics.

Chief executives from large DAX-listed companies and owner-managers from major hidden champions talked about the latest leadership topics at HHL and discussed them over the last couple of years with professors and students as part of the Leipzig Leadership Lecture series. At the same time, research by HHL's chairs and centers on key issues such as trust, change, sustainability and responsibility was pushed forward at the school. Moreover, HHL and its chairs are actively involved in benchmark studies such as the Good Company Ranking and the Public Value Atlas (www.gemeinwohlatlas.de) which provide information on companies in the field of transparent, responsible, entrepreneurial leadership, allowing for comparison and assessment.

Contributors

Building on the aforementioned dialogue between theory and practice, a core team consisting of HHL chair holders Prof. Dr. Manfred Kirchgeorg, Prof. Dr. Timo Meynhardt, Prof. Dr. Andreas Pinkwart, Prof. Dr. Andreas Suchanek and Prof. Dr. Henning Zülch started developing the model presented herein in late 2015. For this purpose, a number of workshops were organized with members of the faculty and the Board of Trustees as well as students and doctoral candidates and then systematically evaluated. I am especially thankful to my colleagues in the core team, the faculty and the student body, as well as the members of the board of trustees under the chairmanship of Prof. Dr. Ulrich Lehner, for their exceptionally intensive, dedicated and fruitful collaboration.

Corner Points and Ambition of the Model

The model presented herein primarily seeks to provide orientation for (leadership) practice and junior executives. It builds on the latest findings in leadership research and has been consciously geared towards further development. This means it is open to further specification and amendments which follow an academic discourse and reflections from leadership in practice. Over the course of this discourse, the key criterion of the further development is the orientation of the concept at the practical level, which means ensuring its problem-related orientation, simplicity, robustness and connectivity. The orientation towards development is not designed to be a recipe or set of tools. In other words, we are not presenting yet another "cookbook" of good leadership but providing orientation in the sense of a compass. It provides notes on fundamental, not to be neglected dimensions of good leadership which initially lead rather to questions than to answers. Moreover, the model is not normative as it does not aim to prescribe the goals and values of good leadership.

With its initial question of the purpose pursued by the respective individuals and organizations, the model aims for a reflection upon the means-to-an-end relation of leadership work. Therefore, the purpose is also the graphic core of the model and extends through all other dimensions, responsibility, *entrepreneurial spirit* and *effectiveness*, as the guiding idea, which is eventually reflected in the *contribution of value* to society. The dimension of effectiveness is about specifying goals, strategies and measures as well as the "what" in which the purpose manifests itself. In contrast to the German term, the English word "purpose" covers the entire conceptual field of sense, intention, meaning, target-orientation, etc. The dimensions of responsibility and entrepreneurial spirit deal with the question of the "how" of the implementation. As the interplay of the individual dimensions rarely follows ideal patterns in real life, special sections of this publication examine both the *fields of tension* and the *potential* of leadership. Recognizing and utilizing potential is a crucial precondition for a successful contribution of value for the individual, the organization, third parties and, ultimately, the success of leadership.

When taking on the task of leadership in an organization and in the interaction with the social environment, good leadership, therefore, means recognizing potential and conflicts at an early stage, seizing the former and avoiding the latter in an effective and responsible manner.

Future Development

HHL did not approach the important topic of *Rethinking Leadership* through the latest daily channels but pursued a systematic and sustainable dialogue about the theory and practice. This dialogue is now being transferred into a consciously dynamic leadership model which is open to further development. In doing so, HHL is providing an opportunity to make this discourse available to business practice, leadership research and instruction while continuing to promote the model itself. Our HHL Forum in December 2016, where we first presented the Leipzig Leadership Model to the public, provided an opportunity for such an exchange as well as the nationwide discussions which were held, for instance, in Cologne and Munich early this year. Given the great interest and the very positive reception of the new leadership model, further events will follow throughout the year 2017. At the HHL Forum in early November 2017, we would like to carry out an initial review. We could already incorporate into this 2nd edition of the Leipzig Leadership Model some of the ideas and suggested additions we received.

In parallel, HHL is strengthening its research efforts in all dimensions of the leadership model, presenting it in its different academic programs and its Executive Education, and making it a topic for discussion. The Master of Science in Management program has already been restructured fundamentally in the spirit of the new Leipzig Leadership Model as it was being developed. This restructuring will also be presented and commented upon in the form approved by HHL's faculty and Senate.

Thanks to Important Supporters

The Leipzig Leadership Model was being developed at the same time as HHL's innovate125 Future Concept was being introduced. This was made possible by the close cooperation and particular dedication of all colleagues, staff members, students and alumni of HHL as well as the generous support from the school's shareholders, sponsors and the Supervisory Board chaired by Dr. Tessen von Heydebreck.

The support provided to this process as described above – including all of the previous and approaching forums and publications – by the Heinz Nixdorf Foundation, and especially its Vice Chairman Dr. Horst Nasko, in the form of both ideas and financial support from the first idea in

2011 all the way up to the model available today, has been invaluable to the overall success of the project. We take this opportunity to express our warmest thanks to the Heinz Nixdorf Foundation and Dr. Horst Nasko.

We also wish to thank Executive Assistants Dr. Tim Metje, Marcus Haberstroh, LL.M., and Dr. Nils Lundberg (in chronological order), who managed the school's executive office during this project, for their enthusiastic and energetic support.

We would also like to thank you, our readers, for your interest in our model, we wish you enjoyable and informative reading, and very much look forward to receiving all of your constructive criticism, your ideas and your suggestions. Above all, we are hoping for this leadership approach to be positively received in practice, which has always been the ultimate yardstick for any theoretically deduced model.

On behalf of the core team, the faculty and the Senate of HHL

Prof. Dr. Andreas Pinkwart
Dean of HHL

2. Preamble

The leadership concept presented here is based on premises which require an introductory explanation. The following basic assumptions were made:

1. Starting situation: Globalization, digitalization and the environment mean leadership faces new challenges.
2. Method: This concept aims to provide orientation for good leadership in an open (dialogue) process.
3. Image of the human being: Leadership requires individual freedom.
4. Embeddedness I: Leadership within an organization happens as a superordinate unit.
5. Embeddedness II: Leadership in an organization happens in a competitive environment within society.
6. Limitations: Good leadership requires realistic expectations and supporting structures.

 Starting Situation: Globalization, Digitalization and the Environment Mean Leadership Faces New Challenges

Leadership has always been challenging. Over the course of time, some of these challenges have remained the same: they involve winning over others for the tasks at hand and providing them with orientation and/or instructions - ideally in a form which allows the participants to embrace these tasks. Other challenges change over the course of time because they depend on cultural, legal and/or technological factors or other circumstances.

Over the last 30 years, a far-reaching change has taken place which has had a considerable impact on the role and understanding of leadership: Globalization and digitalization have created an enormous amount of new opportunities for cooperation and the creation of value, which (entrepreneurial) leaders have to comprehend if they want to be able to make use of them. The new challenges are being accompanied by a need for environmental action in order to prevent the further overexploitation of the environmental system and to increase resilience to the advancing phenomenon of climate change. There is hardly any doubt about the fact that humanity has become one of the most significant factors influencing the living conditions on our planet (Anthropocene). It is attended by the demand for leaders to address the new developments by developing special abilities to cope with these challenges. In addition to intercultural expertise, this includes sufficient knowledge of digital technologies and the conditions and consequences of their application in terms of both societal prosperity and maintaining of basic environmental needs.

However, the social change caused by globalization and digitalization has also been associated with a huge increase in the number – and the complexity – of conflicts, which represent new problems for (successful and responsible) leadership and requires us to *rethink leadership* in terms of its *why* as well as the *what* and *how*. Globalization and digitalization lead, among other things, to competition becoming much harsher. Although this is a welcome development in some ways and promotes the "wealth of nations" (Smith 2006), it also intensifies the pressure to reduce costs – by externalization as one possible means, which might not be desirable from society's perspective – or to aim for and generate short-term profit at the expense of third parties. This, however, not only harms those concerned but also threatens the reputation of the organization and/or its leader and undermines the sense of order in the community where such behavior occurs.

Last but not least, this represents the new key challenge for leadership: it is not about achieving (short-term) success, but achieving it in such a way that it does not undermine the conditions for future success. What is more, particularly due to globalization and digitalization, these challenges can often only be mastered under considerable time constraints and involve a high degree of complexity and uncertainty. This circumstance places demands on the self-understanding of a leader and the ability to find an approach that can be maintained in different regions and over the course of time – meaning on a sustainable basis – while the task of leading is completed successfully as well. Moreover, it also demands the further development of leadership concepts which take this

initial situation into account in an appropriate manner.

8. Method: This Concept Aims to Provide Orientation for Good Leadership in an Open (Dialogue) Process

Leadership theories and concepts have always faced the problem of appropriately recording the enormous diversity and contingency of specific leadership situations on a theoretical level. The tension between "rigor" – here in the general sense of the scientific world at large; clarification, consistency and verification – and "relevance" – here in the sense of effective practical guidance – becomes very obvious in this field. As this tension continues to increase under the aforementioned social conditions, the nature of the leadership concept presented herein must be explained while specifying how to interpret its propositions.

Therefore, this model provides orientation with the potential of development. First of all, this statement expresses that the concept presented herein aims to offer heuristics for (leadership) practice. The consideration and/or further development of scientific knowledge and the connectivity to research is not disregarded, but it is not the primary goal. Moreover, the wording "with potential for development" points to the fact that the leadership concept is open in two respects – firstly, regarding the acceptance of a certain degree of pluralism of interpretations of the core statements and dimensions of the model; secondly, regarding the circumstances that the fundamental statements will be further substantiated over time from the discourse and reflection of these interpretations. In this discourse, the key criterion for the further development of the concept is the guidance it provides on a practical level, which means ensuring its *problem-related orientation, simplicity, robustness* and *connectivity*. Orientation with a potential for development does not refer to recipes or tools – it is not a navigation system – but orientation in the sense of a compass providing notes on fundamental, not to be neglected dimensions of good leadership which initially lead rather to questions than to answers.

The leadership model is not normative in a sense that it prescribes binding goals and values regarding good leadership. Instead, in our opinion, the dimensions of good leadership described below arise from the current situation in which, on the one hand, every leader has the freedom to make decisions – which is why orientation makes sense – while, on the other hand, this freedom is pre-structured by the social conditions from which the dimensions ensue. In a weaker sense, the model is normative like any (leadership) theory which wants to provide orientation. Ultimately, leadership, as well as any organization, must serve the common good. Economics and specific leadership theories must be guided by this

The leadership model is not normative in a sense that it prescribes binding goals and values regarding good leadership.

fundamental premise, otherwise, they will lose their social legitimacy.

9. Image of the Human Being: Leadership Requires Individual Freedom

When investigating the idea of leadership, it becomes obvious that leaders and those being led are human beings and, as such, are free. This concept, which seems trivial per se, has far-reaching consequences and requires that theories and models on leadership, at least implicitly, develop an image of the human being. In our opinion, such an image must accommodate three fundamental aspects:

(1) We assume that human beings are free and, for the sake of this freedom, deserve respect which is reflected in leadership by the fact that people's values, interests and beliefs must be taken seriously. For this reason, the question of the "purpose" of leadership and/or its contribution to social cooperation in the interest of mutual benefit has become the core idea of the model.

(2) We assume that human behavior is subject to numerous empirical (biological, physiological, psychological, sociological, etc.) conditions. This means that both the leaders and the people led by them are neither machines nor infallible. People make mistakes, err, are more or less opportunistic and constantly subject to situational influences. At the same time, however, they are creative, capable

of learning and generally inclined to cooperate.

(3) We assume that leadership must be able to justify itself for influencing other people by demonstrating that the strategies which were chosen, the decisions which were made and the measures which were taken contribute to a greater good (e.g., to a team, company, society).

All three aspects are significant for questions regarding good leadership. Leadership should always be characterized by respecting the dignity of fellow human beings and enabling their freedom and participation.

At the same time, realism and knowledge of human nature are important, particularly regarding the question of how those being led will seize their freedom and how they can be encouraged to do that keeping the greater good, the purpose of their task, in sight. The reality that people are so different represents a big challenge in this context. One consequence is that leadership not only requires skill but also will. Leadership means accepting responsibility for oneself, others and the future, while serving as a role model. The necessary skills and abilities not only demand the tools of leadership but also willingness and a clear inner compass. Those who

Leadership should always be characterized by respecting the dignity of fellow human beings and enabling their freedom and participation.

cannot lead themselves cannot lead others either.

4. Embeddedness I: Leadership Within an Organization Happens as a Superordinate Unit

Leaders do not act independently in some sort of vacuum but hold positions in organizations such as companies. Therefore, they always represent this organization as well. Within the framework of the concept presented herein, we assume that the respective organization is socially legitimate, i.e. has a "license to operate". Certain rights arise from this premise, such as the right to develop business models, to dispose of the means of production, to choose cooperation partners, etc. In this respect, the organization also has the obligation to exercise its rights in accordance with social norms and, in particular, to accommodate the legal and legitimate claims of third parties. In short: Every organization has a level of

---

The Leipzig Leadership Model offers an integrative as well as generic guideline to ensure a sustainable value added chain in times of digital transformation.

Prof. Dr. Iris Hausladen
Heinz Nixdorf Chair of IT-based Logistics

responsibility. As a consequence, society views organizations as addressees of legal and moral demands; in fact, it is an intrinsic value of their existence for society. For organizations to meet these demands in an orderly manner – or to reject them for good reason – organization is required in the literal sense of the word. Leaders are therefore responsible for accommodating these demands in an appropriate manner, which means, in the scope of their possibilities, representing, shaping and communicating the structure and image of the organization on both the internal and external levels.

5. Embeddedness II: Leadership in an Organization Happens in a Competitive Environment Within Society

Society sets a framework of legal and cultural regulations for every organization. In light of globalization as mentioned above, it can be assumed today that leadership has to deal with several at one time very different and maybe even contradictory legal and cultural orders. This has far-reaching consequences for companies, not least because these orders define the framework of the competitive processes. Competition must be viewed as being a universal phenomenon. This means competition between at least two rivals for the ability to cooperate and/or barter with a third party. This competition is a vital component of the market economy and penetrates more and more areas of society; health care and education systems are increasingly organized on a competitive basis. Competition is not just part of daily life at the macro level, but also at the micro level.

Leadership is invariably embedded in different competitive processes. This relates to the leaders themselves as well as to those whom they lead, who may compete with one another, or the organization which competes with others, which generally occurs in various ways/at various levels (e. g. for investors, customers, suppliers, employees, etc.). This aspect must also be emphasized because competition is ambivalent as a matter of principle: it produces innovation and performance but also leads to pressure which may encourage irresponsible actions, e.g. through a short-term focus, the externalization of costs or the generation of profit at the expense of third parties. This, in return, indicates the significance of embedding competition in the systems of rules and cultures whose purpose is to channel this very competition. It is, therefore, all the more challenging if leadership has to prove itself in a competitive environment which is not always subject to already functioning legal and cultural orders which would allow conflict avoidance or prestructure it in an acceptable manner.

This is all the more true as a major part of (economics) literature on leadership abstracts from these preconditions and/or assumes them to be given and unproblematic. Therefore, these theories tend to build on the assumption of a stable legal framework, a functioning free market system and social acceptance of the respective (form of) organization. However, these conditions are not always a given in these times with failed states or highly

Leadership is invariably embedded in different competitive processes. This relates to the leaders themselves as well as to those whom they lead, who may compete with one another, or the organization which competes with others, which generally occurs in various ways/at various levels (e. g. for investors, customers, suppliers, employees, etc.).

corrupt, undemocratic governments. At the same time, there is a wide range of forms for a real market economy and ways in which cooperation and competition occur. This results in substantial pressure which often impedes the observation of social and ecological standards and human rights to a great extent. All of these and other aspects (also) lead to a decreasing number of people trusting the economy. These trends threaten the foundations of a sustainable economy which requires the acceptance of society as well as an institutional order based on the principles of private property, contract and liability law, therefore enabling entrepreneurial and effective organizational behavior.

6. Limitations: Good Leadership Requires Realistic Expectations and Supporting Structures

Leadership positions can come with varying degrees of power. What always applies is the fact that this power is limited. No leader has everything under control, and this is a good thing in terms of the possible abuse of power as well as the productivity of the division of labor and delegation. Furthermore, the limitations which are to be taken into account in a leadership concept also include the limitations of the individual leaders themselves. The considerable aspirations and expectations which are attributed to leadership frequently culminate in situations of excessive demands, not to mention an unrealistic under- or overestimation of one's own options; the boundaries between vision and hubris and between a healthy appreciation of self-efficacy and narcissism become blurred.

It would be inappropriate to expect leaders to be selfless, gearing all their actions exclusively and solely towards the good of society or the organization. This would be overburdening the leader as a human being (cf. section 3). Leadership must be compatible with incentives although it must be emphasized that, particularly in this context, the meaning of the purpose of leadership always goes beyond the immediate personal benefit; it is about (social) "cooperative venture for *mutual* advantage" (Rawls 2000, 105).

This means that on the one hand, it is necessary to maintain realistic expectations regarding leadership which take its role and possibilities as well as its limitations into appropriate consideration. At the same time, leaders also have the task of recognizing these limits and being able to communicate them in a credible way, also as part of the management of expectations and aspirations. On the other hand, these limitations demonstrate the importance of supporting structures for good governance. Leaders not only need relief and support in the form of delegation but also in the form of the limiting of their responsibilities as well as the reliable supervision and – positive and negative – sanctioning of their actions as support for both themselves and the credible indication of their trustworthiness.

7. Good Leadership Is the Better Alternative

Good leadership has become very challenging in recent times and asks a lot of leaders. However, the alternative, poor leadership, is costly for people, the respective organization and society as a whole. This applies to everyday life just as much as it does to the greater good. As a result, the formative role of leadership is also reflected where natural resources are exploited, initially without any visible disadvantages, but ultimately to the extent of a sustainable development perspective for future generations. Historical precedents as well as the latest developments show that the ecological limitations on growth in a global context are becoming increasingly obvious. Good leadership anticipates these developments and understands the transformation of organizations not only as a challenge but as an opportunity for investment, which then comes to benefit all participants (individuals, organizations, society) on a sustainable basis through its added contribution of value.

For me, 'rethinking leadership', 'licence to operate' and 'responsible leadership' are the three core terms which the Leipzig Leadership Model not only proclaims but also convincingly substantiates with its serious efforts to determine the 'why', 'what' and 'how' of good leadership. Digitalization and constant change are massively challenging good leadership these days – with this new approach, HHL has indeed become a pacemaker for a holistic understanding of leadership.

Prof. Dr. Burkhard Schwenker
Roland Berger GmbH

3. Model Structure

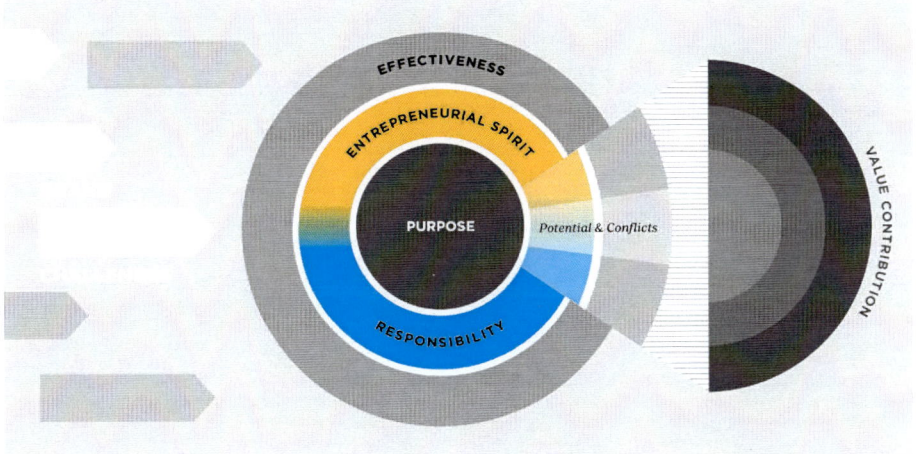

Leaders do not act independently in some sort of vacuum but continuously within the framework of an organization which is the overriding concern. Leadership in an organization happens in a competitive environment undergoing dynamic changes. The social and competitive environment are both determined by grand challenges which leaders and their organizations have to constantly face. To be able to permeate this complex task with an interplay of good leadership and good management and provide better guidance, the Leipzig Leadership Model consists of the dimensions of purpose, entrepreneurial spirit, responsibility and effectiveness.

The *purpose* emphasizes the end-means relationship in leadership work, i.e. the question of the goal and purpose of decisions and instructions for action but also

the legitimization of a business model and a company in their entirety.

An important key to successful leadership in times of constant change is the power of renewal of the individual, organization and society or, in short, the *entrepreneurial spirit*. It not only determines the success of start-ups but is gaining more and more significance for established private and public companies in the age of digital transformation.

Responsibility represents another fundamental dimension of good leadership which requires special attention as a condition for restricting the pursuit of the respective purpose. A purpose which cannot be achieved in a responsible manner cannot therefore be a subject matter of good leadership.

Good leadership must find the right path (*effectiveness*) and make sure it is pursued in the right way (efficiency) to achieve meaningful results with restricted means in a competitive environment. The effectivity dimension translates responsible entrepreneurial decisions into targeted strategies, structures and processes.

Leadership means making a contribution to a greater good which is seen as sensible and valuable by others. Leadership performance is measured consistently by its value contribution in the Leipzig Leadership Model. The idea of a value contribution addresses many different kinds of values; financial-economic, cultural and social ones as well as other non-financial values.

The Leipzig Leadership Model is not an ideal model. Rather, it provides an opportunity for leaders to proactively reflect upon their real-life decision-making situations and leadership behavior. Consequently, potential and areas of tension therefore represent their own important part of this model. Recognizing and utilizing them in a responsible manner is a crucial precondition for value contribution and, ultimately, the company's success.

Globalization, digitalization and the demand for ecological sustainability represent new challenges for leadership. Therefore, the orientation towards the purpose of an organization, which is introduced in the Leipzig Leadership Model, serves as an outstanding guideline to reflect upon the many external influences, requirements and the question of how to handle them internally.

Prof. Dr. Helga Rübsamen-Schaeff
AiCuris GmbH & Co. KG

4. Model Dimensions

4.1 Purpose

Those who expect performance have to be able to answer the question of purpose. A motivating answer to the question of the why; the goal and purpose of a task, but also the legitimization of a business model, a whole company and finally of the entire foundation of the market order, has always been in demand. In our present times, this is becoming one of the greatest challenges of leadership. "Even more", "even faster", "even better" are providing less and less legitimization of the consumption of limited resources of any kind. A claim to leadership without providing a convincing answer to the question of the contribution to a greater good runs the risk of being implausible and arbitrary. With the idea of purpose that goes beyond and often differs from personal benefit, we are placing the questions of the meaning and significance, of internal affirmation and external recognition of leadership, at the center of the Leipzig Leadership Model. We would like to draw the attention of executives to those levers in themselves and others which substantiate decision-making and actions in a complex economic world, provide orientation and spark motivation.

The topic area that is opened up in this way ranges from individual (performance) motivation to an entrepreneurially successful approach, which maintains a view of the contribution made towards social progress. "Purpose" represents a linguistic bracket for an interdisciplinary access to the topic of leadership which is never complete and must remain open to being further developed in a problem-related manner. The purpose logic reflects a performance profile of leadership which sees itself as being part of a greater good and is aware of both the impact-related possibilities as well as the social role which is limited in time ("borrowed power").

While leadership research focused on the question of *how* leaders can guide and direct others over a long period, we see an increased demand for discussing the *why* of the leadership claim. In our approach, leaders are required to understand themselves and their company in terms of their "social function" (Peter Drucker 1973) and to help to shape the latter. Per Hans Ulrich (1987), this is a task which is often not sufficiently understood. This perspective of leadership is based upon the conviction that the major economic and social challenges can only be mastered on the basis of a clear leap forward when addressing the questions of meaning and value. Leadership can only make a claim to legitimacy if it makes a meaningful contribution to a

Orientation-based knowledge is therefore in greater demand from leaders than ever before in order to achieve a calculable impact on a world which is fundamentally unpredictable.

greater good. Additionally, in terms of the overall picture, leadership also means focusing on people and society (again).

Why Purpose?

Rapid technological developments are seen all over the world, but social tensions, political conflicts and environmental problems are also very real. In a strongly networked world economy, they enter almost every leadership context. Orientation-based knowledge is therefore in greater demand from leaders than ever before in order to achieve a calculable impact on a world which is fundamentally unpredictable.

A reduction from complexity to a few basic truths – to an "at the end of the day" philosophy, so to speak – can rapidly prove to be fatal. This also applies to diagnoses of time which describe the present-day development of society – knowledge society, risk society, innovation society and, as of late, externalization society as well.

The world of work, the reality of companies and businesses are too varied to be summarized in one single catchy formula: there is no such thing as "the" economy, just like there is no such thing as "the"

one capitalism or even "the" one good leadership.

Particularly the practically-oriented leadership literature offers an abundance of sustainable concepts for successfully dealing with complexity in a VUCA world (volatile, uncertain, complex, ambiguous). However, we see a gap in the systematic examination of the question of a contribution made by leadership to a greater good which is perceived as valuable and sensible – the purposeful contribution. Purpose in and of itself is neither "good" nor "bad". Acceptance can only arise from responsible action and has to be proven at the practical level. Leadership can only make a claim to creating "value" if it makes a legitimate contribution to a greater good (purpose).

A determined alignment of leadership to the purpose guides the discussion of the "what for" of entrepreneurial action and the creation of added organizational value, which surrounds the target function, back to its core: The economy is in service to society. It has to consider the environmental limits in relation to the prospects for growth, and is legitimized through its contribution to social stability and further development. In an interplay between politics, business, science, the media and the general public, the things regarded as valuable, useful and sustainable are being redefined all the time. In this respect, good leadership is measured by how effectively, responsibly and entrepreneurially a contribution is achieved and therefore realizes a "purpose".

The loss of trust, erosion of meaning or legitimization deficits are just some of the key words on the negative side. Positively used, it is all about self-fulfillment, the motivation to perform, New Work and a new perspective on the common good. The leadership requirements associated with these aspects are analyzed in our model at three levels: at the individual level (leadership of oneself), at the organizational level (leadership of others in the company) and at the level of society (leadership in the social context).

1. The Individual Level: Self-Leadership

The question regarding purpose begins with the individual leader. Without one's own internal compass and dedicated commitment, the prospect of leading oneself and others to high achievements would appear to be unlikely. Research has shown that nothing drives an individual more than a task being perceived as meaningful. The philosopher Friedrich Nietzsche already anticipated this empirical insight, stating, "He who has a why to live for can bear almost any how." The sources of how to experience meaningfulness at work are very diverse. In addition to financial incentives, acquisition of status, the desire for self-development and learning new

Without one's own internal compass and dedicated commitment, the prospect of leading oneself and others to high achievements would appear to be unlikely.

things, the motivation to make a personal contribution ("to make a difference") can play an equally important role for employees and executives alike.

The consequences of a comprehensive concept of purpose alter our perception of leadership: in the logic of purpose, the role of the leader is defined as being part of a collective process that cannot be managed alone; it is neither almighty nor helpless. Leaders legitimize their exercise of power and influence through a motivational contribution to the greater good (purpose), and not through roles, hierarchies or status. A "servant leadership" in this sense does not mean deferring justifiable personal interests. It does not mean the application of morally questionable means without reflection either. As a rule, in difficult situations, leaders need to align themselves with a superior goal which plausibly measures itself by something other than personal advantage and is likely to legitimize decisions on a sustainable basis. The often rather complicated question of meaningfulness can be affirmed whenever one's own leadership behavior is connected to a clear and motivating "what for", which is validated within the community and society at least in the long term.

The concept of transformational leadership (Bass 1985, Burns 1978) deals with exactly this aspect of leadership work; reflecting upon one's own situation in day-to-day business and focusing on the comprehensive overall purpose despite all the attention given to detail. Good leaders, first and foremost, need a clear personal alignment with a goal, a why.

Just like any new business idea must be examined for its purpose and its social benefit, any effective value added only becomes valuable through appreciation.

How are they supposed to motivate others if their own compasses are not working? Self-leadership therefore means a conscious decision for a purpose and its consistent implementation. For many leaders, this is one of the toughest requirements of all: being aware of one's own motivations and strengths ("Recognize yourself") and pursuing them in a confident and authentic way ("Become who you are", "Be yourself"). Moreover, the search for the meaning, value and relevance of one's own contribution never ends, since it is out of this successive orientation process that principles develop which can substantiate the clarity and consistency of the decision-making and successful action.

2. Organizational Level: Leadership in the Company

A purpose-oriented approach can be demonstrated but not prescribed. It exists in the form of organizational relationship structures which can be influenced by leaders but cannot be controlled by them directly. The idea of purpose links individual and collective goals and enables an orientation towards shared goals.

A purpose perceived as meaningful is the source and, in the implementation, the result of any added organizational value. Just like any new business idea must be examined for its purpose and its social benefit, any effective value added only becomes valuable through appreciation. By focusing on the purpose, we include many lines of development from the business world, where there is no permanent certainty. On the other hand, orientation towards goals and purposes of entrepreneurial actions have always been key elements of a leadership theory which wants to be effective in practice.

For Chester Barnard (1938), one of the founders of management theory, it was clear that an organization is only able to survive if it has a shared purpose and that it is the task of leaders to ensure that it exists and/or continues to adapt it accordingly. In terms of this approach, the concept of purpose as a shared goal is the ultimate principle of coordination in order to facilitate cooperation and therefore the creation of added organizational value. The common answer to the question of

I read with great interest your leadership model. I think it is excellent. It should help guide HHL for many years.

Prof. Robert G. Hansen, Ph. D.
Tuck School of Business at Dartmouth

contribution enables shared interpretations of events, correlates them with each other and can offer the participants common ground in situations of conflict.

Purpose is not static but a constant component of the work of leadership. It is activated and changes within the constant adjustment and development of the environment. What characterizes a specific purpose must be determined collectively in the respective leadership situations or is defined by the leadership role. As soon as the implementation of a purpose affects other people, social acceptance becomes a necessary requirement to justify the exertion of influence on others. The purpose is substantiated in more detail, for instance, in the mission and vision of a company. The tools of corporate leadership used previously experience a whole new quality and are explicitly examined for and aligned with the qualities of purpose.

3. Context: Leadership in the Social Environment

In an economic world with value creation chains that have become too complex for experts to describe within just a few sentences; customers, investors, the political domain and the general public are dependent on placing their trust in companies. More than ever, companies will have to consider the increasingly perceptible limitations of the ecological system in their development perspectives. All this requires a definition of a purpose which allows society to assume that it is beneficial for it. Such a raison d'être clearly requires moral and political legitimization from the social environment in addition to entrepreneurial arguments. Without such solid anchoring, a purpose is hard to envision.

Companies exist not only because they can provide products and services more efficiently to the market. Their existence is based on a fundamental level of societal backing as well as believable and sound public appreciation of the social benefit (public value) which a company offers.

Public value describes the value contribution and the benefit which an organization generates for a society, therefore contributing to the common good. Public value is only created or destroyed if the individual perception and behavior of people and groups is influenced in a way which has a stabilizing or destabilizing effect on the assessment of social cohesion, the sense of community and the individual's self-determination in a social environment (Meynhardt 2015 and 2016a). The "license to operate" associated with this can quickly be squandered if the conviction that the business model or management practices are in line with the values and standards of a society, and serving a greater good (public value, common good) fades away.

It is a major accomplishment of civilization that people in a society based on liberty can set themselves purposes and not be dictated to from the top down. However, without a broad consensus on the preconditions of a functioning society, it will not be able to survive, with the individual not being able to develop (Meynhardt 2016b). In the field of tension between autonomy and subsidiarity on the one

It is a major accomplishment of civilization that people in a society based on liberty can set themselves purposes and not be dictated to from the top down. However, without a broad consensus on the preconditions of a functioning society, it will not be able to survive, with the individual not being able to develop (Meynhardt 2016b).

side and the necessity for effective coordination of human labor (value creation) on the other side, there is also potential – finding a balance between individual and collective interests through the orientation towards a shared goal (purpose).

Looking at the social environment, Philip Selznick (1957/1984) sees the core task of leadership in developing an organization into an institution which stands for values and standards ("institutional embodiment of purpose"). An organization will survive if it manages to develop into an institution that, despite all changes, can refer to a unique core (identity) by which it is characterized. The balance between continuity and change is enabled by a legitimate purpose which connects the past with the present and the aspired future. Selznick describes the process of institutionalization as follows: "To 'institutionalize' is to *infuse with value* beyond the technical requirements of the task at hand. The prizing of social machinery beyond its technical role is largely a reflection of the unique

way in which it fulfills personal and group needs" (1957/1984, 17).

This perspective is gaining even more importance – more than half a century after the book was first published – considering the requirements for change which companies, with regards to their contribution to the common good (public value), face today.

4. The Role of Purpose in the Leipzig Leadership Model

In extending the orientation of leadership to effects and results, the question of the purpose aims to achieve a stronger reflection of the means-and-ends relationship in the work of leadership. It is at the heart of our model and infuses all of the addressed dimensions in the form of an idea which guides behavior. The effectiveness dimension is about *what* is actually done through whichever activities in order to realize the purpose. The *how* of the implementation is addressed within the dimensions of "responsibility" and "entrepreneurial spirit."

The purpose approach is ultimately functional to the extent to which actions, processes and structures are challenged in terms of their contribution to a meaningful and understandable overall context and value. Good leadership therefore means creating these relationships for oneself, in the organization and in the social environment on a credible motivational basis.

4.2 Entrepreneurial Spirit

1. The Capacity of People, Organizations and Societies for Renewal as a Key to Sustainable Development

The curiosity and creativity of human beings and their ability to recombine existing knowledge with experimental learning while being driven to improve their living conditions have been encouraging the invention and distribution of new products, services and processes as well as their constant development since the beginning of time.

Over the course of the industrial revolution, the cycles of fundamental changes and continued improvements have been considerably shortened. At the same time, new products were established on international markets more quickly due to the improved possibilities for communication and transport. In addition to this, innovators were able to turn new ideas into reality without using their own capital. This accelerated change processes and led to the so-called "creative destruction" of existing products, organizations and markets described by Joseph Schumpeter in his Theory of Economic Development (1912).

His theory, which centers on innovation and entrepreneurship, was formulated in light of the economic changes at the time and has lost none of its relevance more than one hundred years later; exactly the opposite: in the times of the overlapping and mutually intensifying fourth industrial and second informational revolution, the conditions for developing and implementing new ideas are once again fundamentally changing. Young start-ups with interdisciplinary teams and high

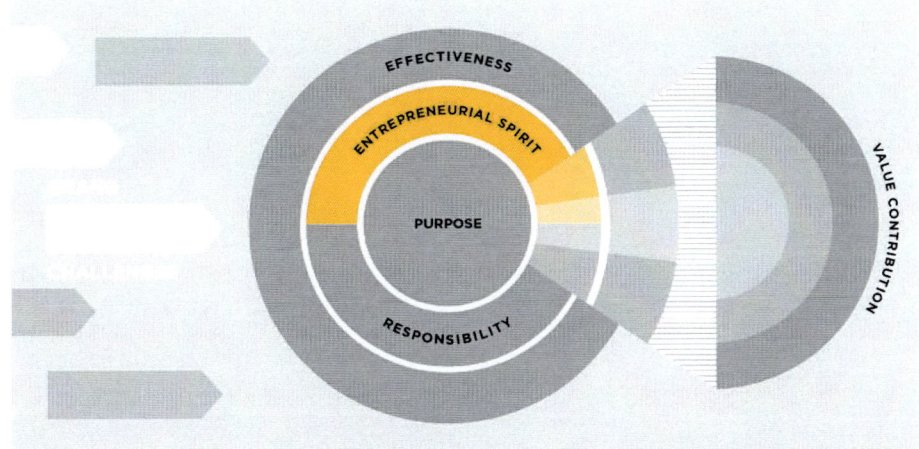

venture capital investment manage to roll out new technologies and business models globally within the shortest of times and to challenge established companies disruptively – all that in an increasingly quick and powerful manner. The latter are running the risk of not just losing clients and agile employees but also entire business models. As part of this process, corporate leadership is facing the challenge of strengthening the incrementally effective transformational powers while increasing its willingness to question successful business models at an early stage and daring a radical change. At ever shorter intervals, a leader has to choose from a growing number of alternative solutions and make decisions under conditions of increased uncertainty so as to adapt the organization to the dynamic competitive environment. The higher velocity of the development of new things and the increased complexity of the leadership task can be best met by each individual making as much knowledge and learning ability available to the organization. In so far as highly liquid structures, which are as flexible as possible, can be created and a high level of learning orientation can be developed, the young, as well as the established, will succeed in maintaining their positions on the market in times of constant change. If substantiated by a persuasive purpose, this helps to ensure the stability required from an organization as well as its sustainability.

As a result, new requirements arise for human beings and organizations regarding their capabilities to learn and renew themselves (innovativeness) as well as for the innovative capacity of the economic system. Moreover, the stakeholders acting within the system must be capable of, and prepared for, an ongoing incremental and transformational change in the sense of "Management of Permanent Change" (Albach et al. 2015). In light of a rapidly growing global population and excessive use of ecological resources, one task of good leadership is to better seize the creativity of individuals, organizations as well as society as a whole to link progress and change with developmental perspectives.

2. Why More Entrepreneurialism Is Needed

In a time of ever shorter innovation cycles, entrepreneurship is of increasing importance to existing organizations. Creativity, self-initiative and the willingness of executives and employees to take risks become the key to the survival of organizations undergoing continuous change. Peter Drucker once broke it down to the simple formula, "Entrepreneurs innovate" (Drucker 2004). The lines between start-ups and established companies are blurring more and more while entrepreneurialism is becoming a universal principle. This applies to companies but also to public and non-profit organizations. The success of the change is ultimately determined by the extent to which the opportunities for entrepreneurial leadership are utilized in the entire system of innovation and an ambitious course is set in the areas of infrastructure, knowledge and technological advancement as well as the promotion of innovation and business development.

In this context, the informational revolution does not always amplify problems but also helps to solve them. Digitalization opens up better opportunities for organizations to adjust to changes in a flexible manner and to continue to reduce transaction costs. Digitalization allows for a fast exchange of information, things and values, not only within clearly defined value chains and hierarchical structures but also within flexible internal and external value networks. By interlinking with extended circles of market stakeholders and observers, organizations find a continuum of flexible designs and boundaries in the field of tension between the market and coordination (Picot, Reichwald and Wigand 2008). At the same time, new opportunities arise to involve employees, customers and cooperation partners from the economy and academia as well as interested members of the public (crowdsourcing) in the innovation and change process in the spirit of open innovation (Chesbrough 2003) and democratization of innovation (von Hippel 2005).

In this context, companies which are established on the market and integrated into value chains are frequently confronted with the problem of path dependency (Sydow 2015). Successes are defended by leadership which is geared towards

Creativity, self-initiative and the willingness of executives and employees to take risks become the keys to the survival of organizations undergoing continuous change.

efficiency and incremental improvements as well as growing market power, while radical changes are usually assessed as being too risky and are generally avoided. In this way, the success achieved by an organization becomes the source of its failure in the future. The American S&P index of the 500 leading companies shows how difficult companies that were once successful find it to meet the increased pressure of change by proactive orientation towards innovation. In 1958, the average company lifespan of the 500 largest stock market companies in the U.S. on the S&P 500 index was 61 years; by 1980, it was cut in half to 35 years and again, another two decades later, to 18 years (Innosight 2012). These statistics underline the necessity for established organizations to not only create the cultural and organizational conditions for incremental innovation and continuous change, but to also generate radical innovation and shape transformational change. At the same time, rapidly growing start-ups have to ensure that despite the necessary scaling of their business model and providing to a growing number of customers, they nurture and continue to develop their capabilities to discover and realize new ideas.

3. The Key Determinants of Entrepreneurial Innovativeness

While innovation is interpreted as the process from an idea to the new product or service, which is valued by the customers and is measured by the number and degree of novelty of the products and services sold on the market, innovativeness encompasses all of the cultural factors

Following the entrepreneurial perspective, the Leipzig Leadership Model adopts an enhanced concept of innovativeness in terms of innovative corporate leadership which is oriented towards entrepreneurship

and socio-technical abilities to create or adapt new developments and implement them in an organization. In this context, innovativeness is seen as the degree of openness to the new as well as a yardstick for an organization's orientation towards innovation. The innovativeness of an organization is therefore a multi-dimensional construct of different behavior-related and organizational determinants.

Following the entrepreneurial perspective, the Leipzig Leadership Model adopts an enhanced concept of innovativeness in terms of innovative corporate leadership which is oriented towards entrepreneurship. To this end, the dimensions of being proactive, tolerance for ambiguity, ambidexterity and willingness to take risks flow into its conceptual framework. This extended approach goes beyond innovativeness in the narrow sense of the word and wants to increase the willingness and ability of organizations to proactively recognize and develop fundamental novelties as well as to implement them at an early stage or even parallel to prior activities. It is assumed that fundamental new products can be initiated and advanced not only by leadership but also the employees in the spirit of a top-down/bottom-up

process. This can also be done by spinning in or spinning off new business units, which requires more hybrid competencies from the executives in light of increasing complexity. In addition to professional depth and sufficient breadth of leadership knowledge, a broad understanding of the new opportunities arising from digitalization, such as the acquisition and analysis of extensive information, but also the risks, such as data abuse and cybercrime, is indispensable (acatech 2016).

With the help of a persuasive purpose and through the proactive integration of employees, customers and other stakeholders in the process of innovation and change, and the simultaneous support and recognition of their innovative achievements, the actions of individuals and organizations relating to innovation and change can be positively influenced while strengthening the role of the employees as intrapreneurs. Entrepreneurial innovativeness means giving the decision-makers in the company the license to question established concepts, to dare to experiment, to be open to third parties while seeking better solutions and to take risks. These characteristics can often be found in start-ups and require intensive maintenance while the company grows and matures. It is, however, difficult to implement them at established companies. This generally requires a fundamental change in corporate culture.

3.1 Behavioral Determinants

Firstly, the behavioral determinants of entrepreneurial innovativeness are the creativity and openness of each individual towards new findings and ideas, the desire to create new things and to prevail on the market as well as the will and readiness to undergo (constant) change. Secondly, these are joined by entrepreneurial factors such as being proactive, tolerance for ambiguity, ambidexterity and the executives' willingness to take risks.

"DNA of an innovator"

The "DNA of an innovator" includes the courage to question the status quo and to take risks, but also the ability to discover new things by observing and questioning existing behavioral patterns and solutions. The enthusiasm for experimentation as well as the ability to network with others and pool existing knowledge about new ideas are also of great importance (Dyer, Gregersen and Christensen 2011). Each individual in an organization has an understanding of creative solutions and could actively contribute to the innovation process (De Boer, Van den Bosch and Volberda 1999). The intrinsic motivation itself already offers powerful tools to achieve better results in a creative and innovative environment. "Innovation has nothing to do with how many R&D dollars you have ... it's not about money. It's about people you have, how you're led, and how much you get it" (Jobs 1998).

In an ideal world, leaders give their employees time to work creatively and recognize innovative contributions in all parts of the organization. For this purpose, they erect a culture of agility, creativity and innovation which has often led to special behavioral patterns. Google, for instance, builds on flat organizational structures with small flexible teams that

The "DNA of an innovator" includes the courage to question the status quo and to take risks, but also the ability to discover new things by observing and questioning existing behavioral patterns and solutions.

are composed of outstandingly talented people, can question everything and work with a high level of openness and transparency. "Google is like an extension of graduate school: similar kinds of people, similar kinds of crazy behavior, but people were incredibly smart and highly motivated [...] a culture of people who felt that they could build things [...]" (Schmidt 2009). The young travel platform *trivago*, which successfully operates in over 50 countries, runs completely without the distinction between working and free time and leave regulations for its 1,200 employees. *trivago* co-founder and CEO Rolf Schrömgens regards these flat and fluid forms of organization as the best prerequisites for maintaining a close exchange of information and strengthening the company's competitiveness through fast learning in a targeted manner (Schrömgens 2016).

Self-initiative and autonomy

Executives in organizations which are driven by an entrepreneurial spirit ideally maintain open communication and a style of leadership that is geared towards participation and close cooperation. They have confidence in their employees and provide them with sufficient autonomy and room to work creatively. They are

open to new ideas and support their development with constructive feedback instead of premature predetermination. They actively involve the employees in the processes of evaluation and decision-making and support the implementation by including all stakeholders in the innovation process.

Being proactive

In view of the fast dissemination of knowledge and the rapidly progressing diffusion of innovations, the time taken prior to market launch becomes increasingly important for the success of innovations. The shorter the innovation cycles, the less significant patents become compared to the so-called time to market. It is all the more important to have Schumpeter entrepreneurs, not only at the top and in the R&D department of an organization but also at the various levels of the organization and the different steps of the innovation process, to be able to spot new trends and problems early on as well as to develop new solutions quickly and develop them in a way that is marketable. This refers to the inclusion of new findings of basic research at an early stage as well as the quick transfer to new solutions, for instance with the help of the design thinking or lean entrepreneurship approaches. Being proactive also means disengaging from the "not invented here" syndrome, incorporating all of the externally available technologies and abilities in the development of a new product, process or business model and viewing imitation as a part of the comprehensive understanding of innovation. This requires a strong balance between invention and creative imitation. At best, proactivity helps to recognize negative externalities at an early stage and to confront them more effectively so as to better protect people and the environment from dangers. In the worst case, proactivity can lead to contrary developments.

Tolerance for ambiguity

In view of the advancing knowledge explosion, executives are increasingly finding themselves confronted with ambiguous information. They have to make decisions on the basis of a considerable amount of information, which is often of a contradictory nature, and overcome conflicting interests when introducing new products, processes and business models. To be able to do this, it helps if decision-makers have a pronounced tolerance for ambiguity as a personality trait.

The willingness to make mistakes and take risks

Executives use the innovative potential of their employees by learning to listen to them and by actively asking them for suggestions. They praise employees who suggested ideas that have been implemented successfully and who have taken risks. They create a culture which accepts mistakes and learns from them. They encourage out-of-the-box thinking and are willing to take risks themselves and to accept responsibility for them.

3.2 Organizational Determinants

Technological capacity

To be able to recognize, develop and implement innovations in organizations at an early stage, the development of a sufficient degree of innovative capacity is required at the organizational level. This encompasses the technological capacity, which has to be provided in the form of suitable organizational-technological, personnel and material equipment. Insofar as this refers to the R&D department of a company, it should be as globally connected as possible and maintain a high degree of openness and exchange between the different corporate divisions as well as other stakeholders.

Organizational ambidexterity

In the interest of fast and sustainable growth, innovative start-ups must learn to develop and build efficient structures and processes to succeed with their novel products and defend them from new competitors on the market. In return, established companies have to maintain the ability to change fundamentally through radical innovation.

Over the course of the development of a company, entrepreneurial innovativeness requires a continuous balance between the creation of inventions (exploration) and implementation of proven products and processes which is as efficient and effective as possible (exploitation). It requires the organization's willingness and ability to achieve a phase-related co-existence of old and new paradigms and cultures, whether it is within the same organizational unit or through outsourcing to other organizational areas and/or new parallel organizations.

Dovetailing of market, learning and innovation orientation

Empirical studies have confirmed the positive influence of market and learning

orientation on the innovativeness of companies as well as its contribution to increasing their performance. The latest methods of information collection, analysis and evaluation allow for the various stakeholders to be systematically incorporated into the strategic analysis, development and testing of new ideas and business models as well as the configuration of the innovation process in terms of a comprehensive market and competition orientation. New opportunities for the discovery, development and implementation of improved solutions emerge from the creative recombining of the knowledge gained through value networks with existing and potential customers, competitors, suppliers and other stakeholders.

Supported by the learning orientation of a company, the organization can analyze and assess its own market and competition-related activities as well as those of third parties and draw necessary conclusions in the form of continuous organizational and behavioral improvements. In doing so, innovation-related risks for stakeholders and the company can be better assessed and more effectively shaped in the interest of a sustainable, successful economic development.

Ensuring dynamic capabilities

Organizations, meanwhile, have a wide range of tools at their disposal for achieving a strategic increase in flexibility (Meffert 1985; Reichwald and Behrbohm 1983) to manage change in the most proactive way possible. Flexible organizational structures such as flat hierarchies, cellular divisions, matrix and networking organizations can also contribute to maintaining these dynamic abilities in a sustainable manner and promoting internal communication as well as interdisciplinary exchange.

Organizations such as 3M use matrix-like structures for this purpose and give their employees the freedom to develop their own innovation projects. They give their executives and employees opportunities to develop their strengths in a targeted manner while achieving a high degree of flexibility and openness towards interdisciplinary projects and new ideas by regularly switching between the various functional and business divisions. Moreover, dynamic capabilities of entrepreneurship, organizational learning and self-organization can be developed and a strategic portfolio of various options for outsourcing and integrating new business models, such as spin-in, spin-out or M&A created (Engelhardt and Simmons 2002). In this way, adjustments can be made much more quickly and organizations can be shaped in a sustainable manner through constant internal and external renewal.

3.3. Social Determinants

Entrepreneurially innovative leadership invests in framework conditions which are friendly to innovation and makes an active contribution to strengthening innovative capacity on a regional and supra-regional basis. This applies to occupational and academic qualifications as well as excellent fundamental and

application-oriented research. It also invests in the training and further education of employees to secure the competitiveness of its organization, therefore contributing to the competitiveness of its location. The formation of clusters generates a high level of added value through the dovetailing with other organizations in existing and new value chains and networks.

Regulation can be a driving force as well as a stumbling block.

An important prerequisite for the sustainable innovativeness of organizations is users and society accepting the novelties it has produced. Regulation can be a driving force as well as a stumbling block. The implementation of radical innovation often requires a reform of the system of rules along with it. Entrepreneurially innovative leadership can make important contributions regarding communications and content in this context as well. The higher the value contribution of innovation for the individual user and the greater good and the more openly and transparently the benefits and disadvantages of innovation are communicated and promises are kept, the more positive the effects these aspects have on a society's general understanding of innovation and, therefore, the more positive the regulation climate will be.

4.3 Responsibility

Responsibility represents another fundamental dimension of good leadership which as a condition restricting the pursuit of the respective purpose requires special attention. A purpose which cannot be achieved in a responsible manner, cannot, therefore, be a subject matter for good leadership. In addition to this very general consideration, responsibility is especially important regarding the question of the implementation of the purpose, because sensible goals can also be pursued irresponsibly.

The following explanation of this dimension is subdivided into two steps. Firstly, a fundamental definition is provided for the concept of responsibility which equates to respecting and – if possible – fulfilling legitimate (trust) expectations. In a second step, the considerations in relation to leadership are rendered more precisely.

1. Responsibility

The term "responsibility" includes the word "response". It is essentially about the reality that someone who has responsibility can give a response to another individual who is affected by that person's actions, particularly in situations when they are disadvantaged or harmed by it. At the same time, the concept serves in allocating responsibilities in such a manner that there is a basic mutual understanding of who has what kind of responsibility, i.e. who owes whom a response.

An important distinction should be made in this context between the legal transfer of responsibility – for instance, through an employment contract or liability regulations – and moral responsibility. The latter results from the attributions which arise from socially recognized moral standards.

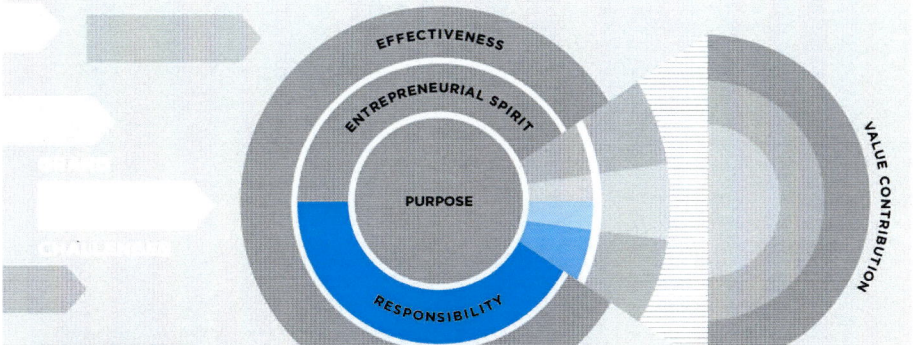

The linking of responsibility and expectations results from the very fact that responsibility always exists towards other people whose expectations of the acting stakeholder are what it is all about.

In some cases, it might (still) be legal to use information asymmetry to the disadvantage of others but it is possible that such behavior is generally considered to be morally irresponsible. Another example for moral responsibility is a situation in which leaders create a toxic work environment and culture through their style of leadership and communication. While there will be no legal consequences, it can be appropriate and plausible to attribute the deterioration of the working atmosphere to these leaders and hold them responsible, as they had the power to prevent such a deterioration by applying a different style of leadership and improving communication.

Since responsibility is systemically linked to the fulfillment of certain expectations held by others – the non-fulfillment meaning one owes "responses" to them – as a next step, the question arises as to how these expectations can be specified more precisely. It is suggested that in this case responsibility can be defined as the respect and – as far as possible – the fulfillment of legitimate (trust-based) expectations (Suchanek 2015).

The linking of responsibility and expectations results from the very fact that responsibility always exists towards other people whose expectations of the acting stakeholder are what it is all about. The addition of "legitimate" also clarifies that not all expectations are justified and their fulfillment is therefore not required in the name of responsibility. Investors, clients, trade unions, NGOs etc. may have demands which simply are impossible for a company to fulfill; at least not without ignoring, or even harming, the legitimate demands of other stakeholder groups. In return, some demands can be rendered plausible which an organization does not face but should be considered for good reason; particularly in the context of sustainability regarding the rights of future generations.

What is more, since (leadership) work generally takes place in an environment in which there are numerous heterogeneous expectations and aspirations, it is never possible to satisfy every expectation. It is, therefore, all the more important to act and communicate in a way that basically everyone can agree upon – and if not on an individual decision, then on the process or the arrangements which enable and support this decision. One typical example is competition which creates "losers" in individual situations, which, however, is acceptable as a matter of principle as long as the competition is governed by fair rules.

Inappropriate expectations are ones which cannot be generalized in this context. They also occur when the bearers of responsibility are faced with expectations that would force them to systematically act against their own – legitimate – interests or those of their organization in order to fulfill these expectations. Economically formulated: responsibility generally has to be conducive to incentives.

The second addition, "trust", is based on the fact that trust (in the broader sense used here) can be understood as being a relationship between a trust giver who depends upon and is also vulnerable to the behavior of the person who has accepted their trust, as can generally be the case, i.e. in the relationship between an employee (trust giver) and a superior (trust recipient). At the same time, a situational conflict frequently exists for a trust recipient, who may be tempted to exploit the dependency. For this reason, responsibility is a moral obligation. An example would be the employee as the trust giver who rendered services because the leader promised a subsequent salary increase. The primary responsibility of a leader lies within fulfilling this promise as well as the legitimate trust-based expectation associated with it. If this expectation were to be disappointed, the question would arise as to whether it might be absorbed by a good "response", i.e. a comprehensible explanation as to why the promise was not fulfilled. In all cases, the importance of communication is obvious, particularly in the context of leadership.

Respecting and – as far as possible – fulfilling legitimate (trust-based) expectations can generally be applied to all individuals who are directly or indirectly affected by their own actions. Yet for the structuring of these constellations, which are often rather complex, it can be helpful to make use of the three-way division consisting of the individual – organization – society.

In this respect, people also have a responsibility towards themselves, which in certain situations means rejecting demands made by others as unreasonable. In case of doubt, they must be able to explain and substantiate these decisions.

Secondly, it is of particular relevance for leaders that they accept responsibility for the organization which they represent. For competing companies, it means that the achievement of profitability is required from an ethical perspective as well. This only becomes problematic if the desire for profit comes before all else.

Thirdly, a responsibility exists towards the society in which one's own actions are always embedded. There are expectations which must be respected and, if possible, fulfilled in this context as well. This includes future generations.

2. Responsibility and Leadership

Due to their position and their associated competencies (rights, resources, power) leaders are in a situation in which they have considerable leeway for development and action, which means, to a great extent, that they have to accept a higher level of responsibility and bear the burden of (trust-based) expectations. As a rule, however, these expectations are not necessarily heterogeneous and, to a certain extent, are mutually incompatible; they are not always appropriate either, which can present a considerable challenge to leaders. An important part of their leadership task is, therefore, to make the aforementioned responsibilities, as far as possible, mutually compatible – towards themselves, the organization and society.

In this context, it is necessary to take into account the fact that leaders are generally assigned a certain degree of responsibility which is associated with the rights and obligations of their respective positions. Expectations which fail to take this into account will therefore often be considered inappropriate.

It must be noted that not only is a legal responsibility assigned, typically contractually stipulated, but also a moral responsibility results, which arise from the specific position. In this respect, it is a genuine aspect of leadership positions that others can (and should) be influenced in a targeted manner. This means that values such as respect, integrity or fairness when dealing with others gain special significance, not simply because leaders apply these values, but because they should also embody them, thereby serving as role models.

Responsibility in leadership presents itself on the following three levels:

– Responsibility for actions
– Responsibility for rules
– Responsibility for communication

Responsibility for actions logically manifests itself in the actions (of a leader) and

Drucker had three basic interests that are reflected in his work, and in the Leipzig Leadership Model. All three manifest his European heritage as well as American history and management.

First, he was concerned with the balance between the processes of continuity and change. His work on entrepreneurship followed naturally. Second he was interested in "freedom, the dignity the status of the person in modern society, the role and function of organization as instrument of human achievement, human growth and human fulfillment, and the need of the individual for both, society and community." Third, he worked to establish conditions for legitimate authority in all of society's organizations.

The Leipzig Leadership model very much reflects Drucker's vision in all three aspects. By putting the deeper question of purpose at the models' center stage, it perfectly frames leadership as what is according to Peter Drucker: a liberal art.

Value creation, the discipline of management and results are central issues in his writings. Leaders are responsible for creating value for customers, for producing results for the organization and society, and for working beyond their primary borders to achieve socially desirable results. Drucker always worked to achieve congruence between the interests of society and those of the individual, through the mediating institution of organization.

Professor Joseph Maciariello, Ph.D.
Drucker Institute

largely corresponds to what is frequently associated with responsibility in terms of everyday life. It is generally the core of everyday behavior: Treating colleagues, co-workers and other cooperative partners with respect, diligently completing pending tasks and fulfilling agreements and promises, etc. are all aspects of this type of responsibility.

Responsibility for rules relates to the fact that institutional rules in which our actions are embedded – laws, regulations, standards – are results of earlier actions themselves. Accordingly, the order of the future always arises from the actions of today. Following rules on a daily basis serves to strengthen them, while breaking them can put them at risk. Due to their character as role models, the conduct and communication of leaders can have a considerable influence on institutional rules. If leaders can be seen failing to abide by rules, even if they demand that they are followed, they undermine their recognition.

The significance of institutional order is becoming increasingly apparent in our present time of globalization and digitalization for its role in creating mutual reliability. In times of disruptive change and the high complexity and insecurity connected to it, acting and communicating – particularly in the context of ensuring a certain degree of reliability – are becoming more and more the center of attention. It is closely connected to the third level of responsibility.

Responsibility for communication is in substance the most important level of responsibility in the context of leadership, as now more than ever before, it is necessary for leadership to be based upon communication – this is expressed in the concept of the purpose which has to be repeatedly recalled in the dialogue and specified on a situational basis. Communication literally addresses the why, how and what. One of the reasons: It is not just about acting in a responsible manner but also about these actions being perceived and recognized as responsible. Incidentally, this makes the leaders' interaction partners bear their share of the responsibility because if irresponsible conduct is punished systematically, it will (have to) be discontinued.

The aspect of communicative responsibility generally not only encompasses the leader addressing those who are being led and others, but also the willingness to enter into a dialogue with them, meaning listening to and understanding the reasons for their concerns, interests and perspectives.

Two points deserve in particular to be highlighted. On the one hand, there is an aspect of order here as well: Discourse and communication can only be effective if there is a sufficient basis for mutual understanding. This not only relates to language itself but also, and rather more importantly, to certain contents of communication, e.g. the common goals (purpose) of the members of an organization and the conditions under which these goals are to be achieved. What is more, conflict situations need a basis for mutual understanding as the foundation for the resolution of the respective conflict.

Leaders, therefore, have a responsibility to contribute to maintaining and continuing to develop a sensible basis for understanding. Mutual focal points are at the core of this basis so that it could also be stated that one of the fundamental tasks of good leadership is to provide these focal points. On the other hand, a leader's communication significantly impacts other people's perceptions and expectations. Therefore, leadership also means not creating any expectations which are not systematically achievable, so as not to make any promises which the leaders know they cannot keep. It is a major challenge – particularly considering the competitive situation and other kinds of pressure – as often expectations are raised or reality is sugarcoated to win over others for cooperation.

In everyday life, all three levels mentioned above are often interlinked because with actions, rules are observed or broken and the actions are accompanied by communication in most cases. What is even more important: responsibility is closely connected to the dimension of time, since expectations from the past must be appropriately considered in the present and the future must be pre-structured with the help of decisions and communication related to them in a way that the defined goals can be achieved.

In the context of responsibility, it must be underlined that the avoidance of irresponsibility must literally be organized. This practically applies to the entire field of business activities from corporate governance through marketing, human resource management, etc. all the way to compliance.

For leadership, this means, first and foremost, special attention needs to be given to consistency, particularly the consistency of individual measures, decisions and guidelines with the purpose. It is also a major factor regarding the three levels mentioned above (actions, rules, communication). Finally, consistency is of particular importance for one key aspect of leadership: setting an example. It was previously mentioned and will be highlighted here again when considering the consistency of words and actions. Leaders who talk about the purpose of their organization and demand values but do not reflect these parameters in their own behavior not only lose legitimacy, often followed by attempts to compensate for it by costly material incentives and sanctions; they also contribute to a culture in which neither the purpose nor the values are taken seriously.

We need an understanding of leadership which offers orientation. Now, there is an extensive concept for it. Thank you!

Prof. Dr. Ulrich Lehner
Henkel AG & Co. KGaA

4.4 Effectiveness

1. Why Effectiveness?

The entrepreneurial, responsibly-oriented leadership of a company or other institution faces a challenge to its decisions and actions to achieve a contribution to the greater good due to limited resources and competitive conditions. They have to be well thought through. Many roads lead to Rome, but, in fact, at least as many also lead to somewhere else. Based on this metaphor, two questions arise: *what* is the right way (effectiveness) and *how* can a chosen path be taken (efficiency) in order to achieve a predefined goal with limited resources and surrounding competition. At a time of changing social, technological, political and environmental contexts, particular importance is attributed to the question of effective leadership, as efficiently aligned strategies in changing contexts often no longer aim to achieve the right goals and therefore fail to make their contribution to the greater good. Therefore, effectiveness represents a core dimension of the Leipzig Leadership Model. It translates responsible entrepreneurial decisions into targeted strategies, structures and processes to achieve a competitive contribution to the greater good. Effectiveness requires leadership personalities to assume a guiding, communication and coordination function which is both responsible and entrepreneurial.

2. Making an Effective Contribution for the Greater Good

Effectiveness generally describes a measuring stick for the impact of the goal-oriented action. Effective actions are measured by the content of the goal (qualitative dimension) and the degree of

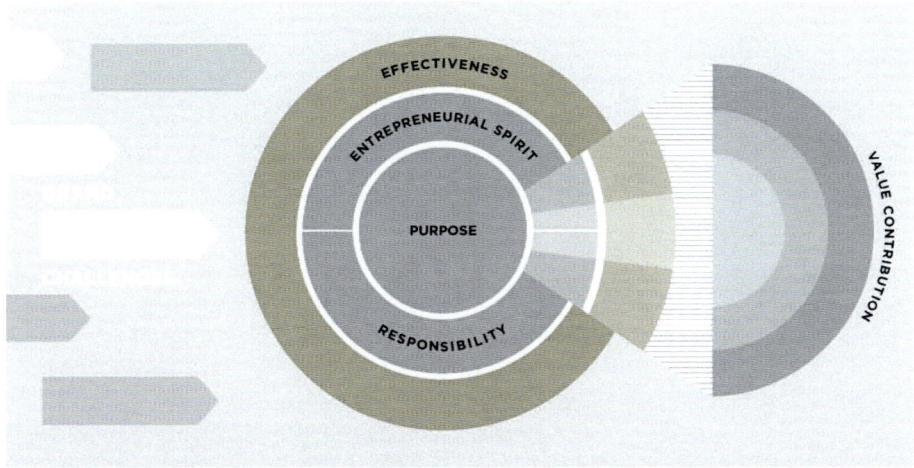

goal achievement (quantitative dimension). Effectiveness therefore demands fleshing out the correct goals so that alternative solutions and/or strategies for the achievement of those goals can be identified and prioritized. Consequently, effective leadership begins with the translation of the purpose with responsible entrepreneurial spirit into specific goals which are defined according to their content, extent, timing and target-group relationship. A responsible definition of goals is based on a careful analysis of the internal and external environmental conditions. The guiding function of leadership is only able to point in the right direction if an adequate localization of the current starting position has been completed.

In this context, the expectations of relevant target groups and/or stakeholders (e.g. employees, clients, suppliers, society, politics) are to be identified. It is often the case that a narrow and mono-disciplinary view of, as well as insufficient interaction with, target groups lead to negligence or misinterpretation of expectations, which may induce incorrect specification of the content and extent of the goals, resulting in initial shortfalls in effectiveness. The ostensibly objective reality is always subjectively perceived and interpreted. In this way, both the incorporation of the expertise of all the leaders and employees as well as external target groups are vitally necessary when analyzing a situation, and the creation of transparency in considering the risks and opportunities as well as the strengths and weaknesses of an organization represent important conditions that enable leaders to conduct a multifaceted analysis of the status quo.

A responsible definition of goals is based on a careful analysis of the internal and external environmental conditions. The guiding function of leadership is only able to point in the right direction if an adequate localization of the current starting position has been completed.

Besides globalization and digitalization, the changed ecological conditions (e.g. climate change) must be considered more and more when forecasting development perspectives. Approaches from systems theory help to recognize the types of potentially relevant target groups as well as their relations to and expectations of an organization.

Along with the deduction of target content, the extent and time frame of the goals must be specified within the framework of effective leadership. While the purpose of an institution is set out towards a long-term horizon, leadership is required to define temporal stages and/or temporal goals respectively, so that the employees gain a sense of orientation concerning which strategies and actions they have to develop and implement in order to achieve the goals within the specified time frame. When determining the extent and timing of the goals, internal resources, skills, abilities and the employees' motivation represent restrictions alongside the chances and risks of the external environment. Therefore, the goals must be specified on the basis of the situational analyses and in a discourse with the employees.

Using the plural when formulating goals indicates that effective leadership is based on a multi-dimensional system with superordinate and subordinate goals. While the value contribution of companies has been narrowed down to the profit or shareholder value dimension in economic sciences over the decades, modern management and leadership approaches always emphasize the necessity of pursuing multiple target contents (Eberhardt 1998).

In this context, effective leadership is defined by identifying the different contents of goals and recognizing goal conflicts when determining the extent and time frame. Goal conflicts can only be resolved by changing expectations and/or the aspiration level (goal adjustment and weighting) or shifting the timing of the effects. This requires a discourse with the internal and external stakeholders involved.

In addition to effectiveness, *efficiency* is a gauge of the relationship between an achieved result and the required effort. In an economic context, efficiency is also described by the terms "cost effectiveness" or "productivity". Peter Drucker already reflected on the terms of effectivity and efficiency in the context of leadership tasks in an article published in 1963, stating, "It is fundamentally the confusion between effectiveness and efficiency that stands between doing the right things and doing things right. There is surely nothing quite so useless as doing with great efficiency what should not be done at all." (Drucker 1963) This statement emphasizes that effectivity is a precondition for acting efficiently to contribute to the greater good. Compared to stable operating contexts, effectivity of leadership takes on a special role, particularly in times of a drastically changing environment, because the behavior and management systems, which were previously geared towards efficiency, often no longer adequately meet the challenges. The confusion of using the terms effectivity and efficiency, which was described by Drucker, is promoted by the fact that measures of efficiency are defined by institutions as goal dimensions (e.g. ROI, productivity) so that the achievement of efficiency as a goal is included within effectivity considerations as well. In this case, effective actions also indicate efficient actions. This leads to goal conflicts, particularly during phases when change and realignment processes are initiated. Changes within institutions often require investments and a higher consumption of resources as well as the abandonment of proven processes. Trial and error as well as a moving along to new learning curves imply that effectivity can initially be accompanied by losses in efficiency.

When including measures of efficiency into effectivity assessments, leaders must display special attentiveness. The differentiation between effectivity and efficiency addresses the differences between leadership and management, which are often boldly emphasized in leadership literature: "Leaders do the right things. Managers do things right" (Bennis and Nanus 1985, Drucker 1963). This differentiation is

The understanding of the Leipzig Leadership Model involves the assumption that it is essential to allow for flexible and agile adaptation of strategies and objectives, although this is not to be equated with a renunciation of leadership.

supposed to illustrate that good managers do not automatically make good leaders. The management function within an institution focuses on the efficient alignment of the planning, implementation and monitoring of goal-oriented tasks. This interpretation ties in with the original meaning of the term management (handle from Latin "manus"). The term "leadership", however, originates from the "initiation of directed movement". The steering, or guidance, and the related initiation of movement play an important role in this context (Clausen 2016). Steering can also mean leaving a chosen path in order to embark on new paths. In organizations with division of labor, targeted guidance inevitably requires communication and coordination. For this reason, the Leipzig Leadership Model centers on communication and participation and therefore the involvement of employees as a crucial prerequisite for achieving a value contribution.

In practice, however, the dichotomy between "leaders" and "managers" is rarely found, because executive managers exercise both leadership and management functions. In particular, during times of

change, the leadership function, meaning doing the right thing, is to be emphasized in comparison to the management task. Yet, in these situations, planned and goal-oriented action is often called into question, as previously defined pathways no longer show the anticipated effects following changes in the environment, and short-term adjustments become necessary, which could not be systematically planned beforehand.

The understanding of the Leipzig Leadership Model involves the assumption that it is essential to allow for flexible and agile adaptation of strategies and objectives, although this is not to be equated with a renunciation of leadership. Especially in times of scarce resources and changing framework conditions, the steering function is particularly important in order to prevent institutions from acting in a chaotic way that pays no heed to synergies.

3. Effectiveness at Different Levels of Leadership

The effectiveness of leadership can be reflected at different levels of aggregation. The leaders themselves could be assessed but also the effectivity of the leadership, as reflected in the employees and the institution in its entirety as well as the social environment.

3.1 Effectiveness of Leadership at the Individual Level

Literature on leadership emphasizes that leaders serve as role models for their employees when it comes to "self-leadership".

This means that leaders have to apply an effective form of leadership for themselves. A variety of academic studies have shed light on the effectiveness of leaders at the individual level and pronounced recommendations concerning specific attributes that stimulate effective leadership.

3.2 Effectiveness of Leadership at the Interpersonal Level

The leadership of companies is frequently reduced to the presence of an executive manager and/or a leader, which ultimately fails to correspond to reality. Leadership functions are practiced at different hierarchical levels, in different departments and by different individuals. Within the scope of the steering function of leadership, it is necessary to recognize how the overall task of goal achievement is to be subdivided into partial tasks (division of tasks) and carried out by appropriate employees and how these tasks are to be coordinated in a synergetic way to fulfill the goals (task synthesis).

The dialogue and discourse with relevant stakeholders while analyzing, identifying and specifying goals were mentioned earlier. Lacking the ability to listen to and understand the motives of employees and other stakeholders – a lack of empathy – as well as lacking transparency and not jointly reflecting on the purpose and/or the contribution to the greater good of an institution as well as the goal dimensions deducted from it are often emphasized as factors which negatively influence effective leadership. Communication between the different leaders and employees is

The effectiveness of leadership can be reflected at different levels of aggregation. The leaders themselves could be assessed but also the effectivity of the leadership, as reflected in the employees and the institution in its entirety as well as the social environment.

a central factor for effective leadership actions. Communication starts with potential employees as it is about winning over employees for the purpose of the institution who want and are able to make a contribution by showing great motivation and identification. Regarding people already employed by the institution, it is about recognizing their expectations and abilities as well as specifying the content, extent and time frame of the goals in a discourse. The creation of transparency and understanding for new goal-related priorities and a change of strategy are also elements of effective leadership. When treading new paths, a step-by-step process of trial and error can be necessary, which may not be efficient, but is effective for the realignment of an institution. A large number of leadership styles are discussed in leadership literature, particularly regarding how to deal with employees. Recommendations these days mainly result in "transformational leadership styles" (Bass 1999).

When discussing effective leadership, however, situational particularities need to be considered as well. It must be stated generally that, depending on the situation, effective leadership can be attributed to a vast number, and also a mix, of leadership styles.

3.3 Effectiveness of Leadership at the Institutional Level

When looking at the entire institution, effective leadership requires leaders to have a thorough understanding of the overall process as well as its sub-processes, to identify and use possible synergies when coordinating partial processes (value chain activities) or to point out synergy potential to leaders from other departments who are also involved. The targeted alignment and adjustment of the management system (planning, implementing, steering) also represents a task for effective leadership on the institutional level as well. It is therefore the responsibility of leaders to mastermind the systemic framework in which an efficient form of management can then arise.

3.4 Effectiveness of Leadership in the Social Environment

Institutions and companies are part of a superior social and ecological environment in which external stakeholders ultimately evaluate the company's contribution to the greater good. Through their acceptance and encouragement (for example, customer loyalty), they ultimately contribute to the fact that the institutions are able to successfully develop under competitive conditions over the long term and make their defined contribution of value to society. Therefore, effective leadership does not end at the doors of an institution. Rather, there is an increasing expectation regarding leaders that companies, as a whole or as represented by executive managers and employees, increasingly participate in the public dialogue (good corporate citizenship). The guidance and communication functions of leadership are required for this dialogue as well. Thus, the Leipzig Leadership Model also links the effective interaction with stakeholders in the social environment with responsible leadership.

The changes in the ecological environment present a special challenge to effective leadership. In recent decades, on a worldwide basis, prevention or mitigation strategies that strive to limit the overburdening of the ecological basis for life have become closely associated with effective steering (Kirchgeorg and Winn 2005). In the future, uncertainties pertaining to the search for effective leadership paths will significantly increase due to the fundamental changes in the global ecosystem. In this context, adaptive strategies will become increasingly important with regard to effective leadership.

5. Potential

In the Leipzig Leadership Model, we would also like to highlight the chances and opportunities which can result from a successful interplay amongst the individual dimensions. Recognizing and unlocking the appropriate potential is a crucial precondition for successful value contribution and, ultimately, a company's success. Consequently, good leadership also means recognizing potential in oneself, within the organization and in the social environment and exploiting it in a targeted manner.

The Individual

Leadership involves work, and good leadership is based on energy and commitment. Successful leadership rarely materializes without some considerable effort. As fraught with tension and conflict as the work of leadership often is, it can also be fulfilling and motivating at the same time.

For many people, the adoption of a leadership task is a positive thing and one of their declared career goals. The creative will, the experience of self-efficacy and the ability to have an impact which are expressed in this context are also basic prerequisites for overcoming conflicts (resilience) and developing oneself as an individual.

Different goals can be associated with the motivation to become a leader, to lead

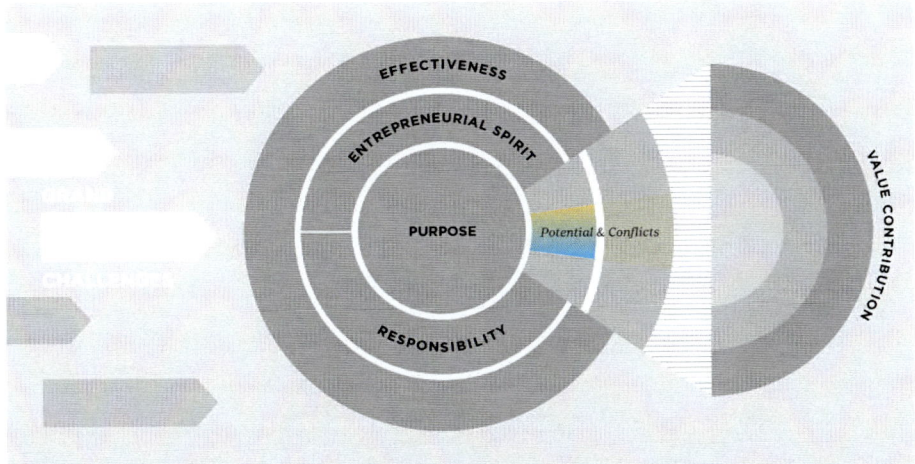

others and to inspire them with ideas. The motives – from the exercise of power to the altruistic renunciation of any personal interest – are as diverse as the leaders' personalities themselves. In the best-case scenario, the execution of a leadership task enables the development of one's own expertise and personality. The psychological state of "flow experience" characterizes this positive experience of the task's demands fitting one's own talents and abilities.

The productive and creative forces of a leader are released when the entrepreneurial action is linked to a goal which is considered to be meaningful (a purpose) and which the individual leader can justify as being objectively right (effectiveness) while being responsible towards both oneself and others.

Coming from this consistency, credibility emerges as a unit of word and action, which in turn has a positive effect on the leadership performance. Those showing genuine enthusiasm for something will find it easier to captivate others. In positive cases, this attitude will be perceived as authentic and as that of an "honorable businessperson". If this coherence between purpose, entrepreneurial spirit, responsibility and effectiveness is lacking, frictional losses and conflicts will arise in the leaders themselves and, consequently, in the execution of the leadership task.

Organization

The coordination of the work processes in an organization is made significantly easier by a culture in which a purpose shared by everyone forms the basis for trustful cooperation. The unwritten rules as to whether it is worth demonstrating responsibility and developing entrepreneurial initiative determine how effectively and efficiently an intended value contribution is achieved. The costs of coordination processes, guidance and control are significantly reduced if these values are applied and valued in a consistent manner. In an organization performing at a high level, this potential is recognized and used for constant learning and innovation processes.

Potential is initially developed through the selection of the right employees and leaders. In particular, in processes of organizational change, the challenge of leadership lies within identifying these strengths in existing structures and processes and using them as resources. The resilience of an organization is primarily determined by the competent handling of its cultural heritage.

The productive and creative forces of a leader are released when the entrepreneurial action is linked to a goal which is considered to be meaningful (a purpose) and which the individual leader can justify as being objectively right (effectiveness) while being responsible towards both oneself and others.

Society

In the long term, social acceptance for the organizational value contribution (public value) is a crucial condition for every organization. Customers, interested members of the public, the world of politics and other stakeholder groups attribute expectations to an organization that its leaders must deal with. If they manage to reconcile entrepreneurial value creation with these expectations or, in the view of society, make an innovative value contribution to the public, they will create new potential for their own growth and therefore for the survival of the company in the market or an organization in its relevant environment. From this perspective, society itself provides the environment for new (market) potential to a certain extent. In this potential-oriented mindset, society provides the opportune space for an organization to make its value contribution, change itself in doing so and therefore promote a public value contribution.

Talented and successful employees with many different traits are the heart and soul of a successful company. They must all be joined together in their passion to contribute to the company and to move it forward. ZEIT has a multi-faceted team of women and men, young and old, which is excited to face the new opportunities brought about by globalization and digitalization. In this context, the new Leipzig Leadership Model serves as an important guideline as it unites theory and practice in the endeavor to re-think leadership.

Dr. Rainer Esser
DIE ZEIT Publishing Group

6. Areas of Tension

Any type of model or theory which aims at providing orientation and recommendations for the practice of leadership will face the challenge of a highly complex reality and the fact that same advice given in different situations can be either sensible or inappropriate due to different framework conditions. From a problem-oriented perspective, it is good heuristics under these circumstances to initially determine fundamental goals and criteria and then to examine the challenges which might arise when trying to achieve these goals. This can be done by addressing the typical fields of conflict within good leadership:

– Purpose and responsibility
– Responsibility and effectiveness
– Effectiveness and entrepreneurial spirit
– Entrepreneurial spirit and responsibility

Purpose and Responsibility

According to the logic of the leadership model presented here, responsibility is understood as being a boundary condition which is to be fulfilled for the realization of the respective purpose. Not every purpose can be implemented in a responsible way; purposes which cannot be realized without constantly acting in an irresponsible way, that is, without systematically infringing legitimate expectations, are prohibited. The *how* of the responsibility dimension is therefore not strictly subordinate to the *why* and/or *what for* of the purpose, but restricts it as well.

Generally speaking, such purposes come into conflict with the responsibility dimension if their realization is (probably) impossible without harming the legitimate interests of third parties or the environment. It seems apparent that there will be few of these conflicts in light of the typical level of generality which is usually applied when determining a purpose, with the exception of highly specific goals. The fundamental objectives of organizations are – for good reason – often established in such a manner that they are met with a general level of support.
However, conflicts frequently arise regarding the implementation.

Responsibility and Effectiveness

As outlined above, effectiveness means, above all, specifying the general and abstract purpose by developing an operational system of goals and strategies for the achievement of these goals.
Regarding effective leadership, the following five key complications can be addressed as a matter of principle:

Conflict of goals: Making the institutional contribution to the greater good operational in goal-related dimensions often leads to multi-dimensional goal systems in which those goals can be in conflict, both with each other and over the course of time.

Time dimension: The linking of short-term and long-term goals, taking external effects into account, presents particular challenges to effective leadership.

Communication: The interaction between leaders and employees as well as other stakeholders has a special significance within the context of effective leadership. Particularly in times of change, the need for interdisciplinary and cross-departmental dialogue is increasing, although an understanding of the respective disciplines is often lacking or can only be built with difficulty. Despite proactive communication, misinterpretations and a lack of contextual understanding often lead to shortcomings in terms of the effectiveness of leadership.

Resource-related competition: The functions of leadership and management are not clearly defined in the literature and are often perceived in a personal union. This leads to the dilemma that the aforementioned functions of leadership and management are in time-related competition with each other, that is, if time is invested in the functioning of the management system, this time may be lacking for the completion of leadership tasks.

External effects: Doing the right thing requires an understanding of the externalities that accompany the leadership of an institution and can have positive and negative long-term effects. In many cases, a lack of knowledge of the negative externalities among leaders, experts as well as stakeholders, means that a path which is initially regarded as right ultimately proves to be wrong. In this case, responsible leadership has to honestly and transparently admit that mistakes have been made because the advancement of knowledge has devalued or contradicted traditional practices.

Specifically, when the explicit focus is on achieving good results through good leadership, further fundamental tension will become apparent, which should be discussed. A variety of situations exist in which it may be possible to achieve good results in an irresponsible way, that is, by disappointing legitimate trust-based expectations. Competitiveness and profit – to name two typical criteria from the effectiveness dimension – might also be achieved by utilizing information asymmetry at the expense of others, by lowering social or ecological standards or by externalizing costs. All of these represent typical forms of irresponsible conduct. These conflicts often result from the demand to achieve specific goals, which are often measured by key performance indicators, within specific time frames and under the pressure of certain stakeholders

According to the logic of the leadership model presented here, responsibility is understood as being a boundary condition which is to be fulfilled for the realization of the respective purpose.

In this respect, a fundamental task of the leadership is to develop goals and strategies within the dimension of effectiveness in such a manner that shows broad consistency with the purpose and responsibility dimensions – or, put in more common terms, to ensure that no relevant inconsistencies occur, in the leaders' own interest,

and/or the competition. Aspects of the dimension of responsibility, which are generally less noteworthy and sometimes not even measurable, can easily fall victim to this.

The central challenge in everyday business is therefore the question of why one should not seize the (short term) possibilities for cost reduction and/or increasing profits (to the detriment of third parties). In this respect, a purely academic answer concerning corporate ethics is insufficient. Rather, the "renunciation" of irresponsible, short-term strategies and actions that at first glance seem to be effective must ultimately prove to be an investment – namely an investment in the reputation as a reliable company and/or as a reliable partner. In the apt words of Robert Bosch, "I would rather lose money than trust."

Leadership plays a fundamental role here because it is leadership that determines which strategies are to be implemented

for which goals and how. It must establish the values and guidelines, typically defined in a Code of Conduct, understood as being derived from the purpose and show that the self-inflicted limitations resulting from responsibility are therefore not only sensible but need to be implemented as well. Conversely, it is illusory to want to maintain the highest standards of responsibility at all times. Implementing sustainability strategies, promoting health and safety for employees, securing the observation of human rights along the supply chain and other aspects all entail costs. What is more, a company's influence on securing social and ecological standards is often limited. In addition to this, different and differently enforced legal frameworks as well as cultural differences exist which make an unrestricted implementation of ethical values and principles impossible to attain.

In this respect, a fundamental task of the leadership is to develop goals and strategies within the dimension of effectiveness in such a manner that shows broad consistency with the purpose and responsibility dimensions – or, put in more common terms, to ensure that no relevant inconsistencies occur, in the leaders' own interest, since the occurrence of such inconsistencies can be accompanied by considerable damage to reputation and possibly even legal sanctions.

Effectiveness and Entrepreneurial Spirit

Possible synergies in the area of effectiveness unfold during the configuration of innovative capacity. A company's leadership which is oriented to effectiveness strengthens the capability of the company to develop new products and processes as efficiently as possible and to succeed with them in the market. In this context, the decision-making structures and processes, the incentives as well as the budgets tend to focus on exploiting the existing potential rather than on creating new potential for success. The relationship to the culture of innovation, in contrast, proves relatively critical. While entrepreneurial innovativeness is dependent on autonomy, creative freedom, and the willingness to take risks; the pursuit of effectiveness tends to favor the continuous improvement of the existing processes and structures as well as the avoidance of errors and risks. In this respect, innovativeness and effectiveness are in a field of tension between entrepreneurship and management.

Companies often try to reach their effectiveness goals by dividing their activities into various developmental stages of technological and market-related degrees of maturity following the product life concept while choosing a configuration of human resources, organizational aspects and a form of leadership that are adequate for the respective stage. In the interest of a well-balanced portfolio, new business segments are added on a regular basis through internal innovation efforts or acquired spin-ins while mature business segments are in the process of being discontinued or severed by means of divestiture (M&A). Inventions which are not held by the company are either abandoned or sold to third parties as spin-offs. This is often connected to employees and

A company's leadership which is oriented to effectiveness strengthens the capability of the company to develop new products and processes as efficiently as possible and to succeed with them in the market.

executives leaving the organization and requires cautious planning to avoid negative impact on the reputation of, and the trust in, the company and the brand.

Responsibility and Entrepreneurial Spirit

In order to implement a purpose in both a responsible and effective way, now more than ever, it is necessary to think on an entrepreneurial basis, that is to say, develop one's own strategies and be ready and capable of implementing them at one's own risk. However, there is genuine tension in this relationship as well.

In this context, "entrepreneurs" are dependent on acting in organizational systems which reduce or completely eliminate a multitude of conceivable uncertainties and risks, and which provide the various cooperative relationships with a sufficient foundation for mutual reliability. At the same time, entrepreneurial spirit is often associated with a certain break from tried and true solutions. This can also mean that certain rules are questioned. What is more, especially in these current times of rapid social change, in which there is a lack of robust legal conditions for many of the new opportunities for the production and marketing of goods and services, and where there are also many gaps in the regulation of global markets, it might be tempting to make use of these gaps and deficits in an "entrepreneurial" way and develop business models which are based on making money out of the non-existence of property rights for third parties (or their non-enforcement by the state). One version of this is a business model which considers existing legal regulation as obsolete by referring to ethical ideals (e.g. "sharing economy") and therefore present their violation as acceptable – possibly by citing the purpose.

This poses a similar challenge for leadership as the effectiveness dimension does. It may seem appealing to generate benefits by using opportunities to take advantage of a lack of knowledge, weaknesses, or the needs of others, especially when it is thought to be in the interests of

Rather, it is the task of good leadership to search for ways of achieving compatibility and to ultimately make the "entrepreneurial spirit" come into its own by seeking (new) ways of achieving the value creation in a responsible and effective way.

achieving a higher goal or such behavior can be justified under the constraints posed by competition. In this case, too, one can neither derive some magic formula, nor give strict priority to one of the two dimensions. Rather, it is the task of good leadership to search for ways of achieving compatibility and to ultimately make the "entrepreneurial spirit" come into its own by seeking (new) ways of achieving the value creation in a responsible and effective way.

Globalization and digitalization demand new things from executives. The Leipzig Leadership Model gives practical, simple and robust impetus for how decision-makers can master the future successfully.

Georg Fahrenschon
Deutscher Sparkassen und Giroverband e. V.

7. Value Contribution

Good leadership means making a contribution to a greater good which third parties consider to be meaningful and worthwhile. Leadership performance is measured consistently by its value contribution in the Leipzig Leadership Model. The idea of the value contribution focuses on different "values": It is naturally the case that these include financial and economic values as well as cultural, social and other non-financial ones. Accordingly, a value contribution is a contribution that is appreciated by individuals or by organizations and also by society, to the extent that it more than justifies the expenditure of labor, capital and natural resources.

In fact, an intended contribution is neither "good" nor "bad". The acceptance is to be found in responsible action and has to be proven at the practical level. Leadership can only make a claim to creating "value" if it makes a legitimate contribution to a greater good (purpose). In a pluralist society, value is therefore a matter for debate. Accordingly, good leadership is measured by how effectively, responsibly and entrepreneurially an appropriate contribution is achieved and a "purpose" is therefore achieved from the point of view of the relevant third party.

The leadership is therefore only partially responsible for the extent to which a specific value contribution has been achieved. This experience of limited effect also relieves the leader of being attributed with an excessive degree of responsibility. With

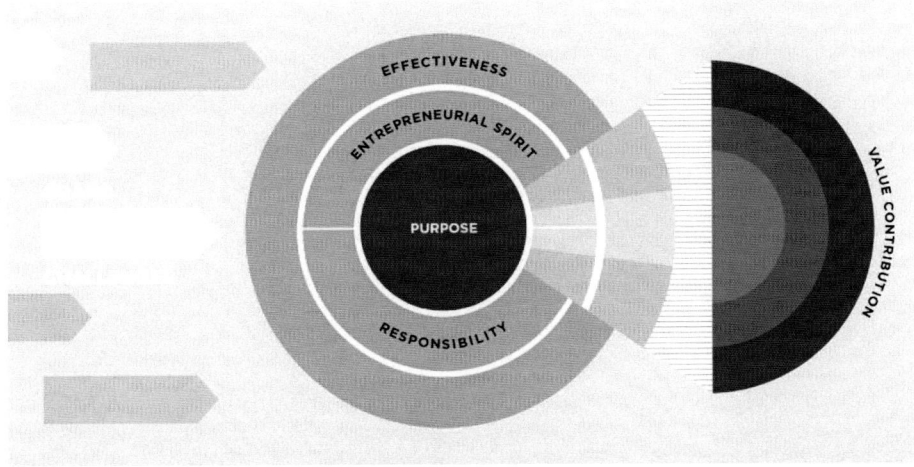

the contribution logic, we want to draw a realistic picture whereby leaders – in the sense of post-heroic management – are themselves a part of the complex processes which they can influence but are not able to control on a mechanistic basis.

A value contribution manifests itself on three different levels:

On an individual level, this ranges from fundamental security and protection needs, work satisfaction and psychological health, strengthening the will to perform and creativity all the way to the opportunity of competency development and personality enhancement.
Value contribution on an organizational level generally aims for viability as a productive social system, the ability to develop and grow, including different aspects such as increasing competitiveness, employer and capital market attractiveness as well as societal acceptance.

Value contributions for society include, among other things, securing wealth and jobs, conserving resources but also strengthening the social order by embracing responsible entrepreneurship. In addition to this stabilizing role, organizations are also driving forces for change and social progress through innovation and new solutions to urgent societal challenges as well as the increase of wealth. In short: the social value contribution of an organization is determined by the public value, i.e. the contribution to the common good, its maintenance and innovative development.

Value contributions for society include, among other things, securing wealth and jobs, conserving resources but also strengthening the social order by embracing responsible entrepreneurship.

I read with great interest your leadership model. I think it is excellent. It should help guide HHL for many years.

Professor Robert G. Hansen, Ph.D.
Tuck School of Business at Darthmouth

8. Core Theses

Purpose

1. Orientation towards the purpose is a central source for generating motivation and releasing productive energy.
2. A coherent purpose is the prerequisite for the development of individual and social acceptance for the public value contribution of an organization.
3. A clear purpose is the key to overcoming conflicts and opening developmental perspectives.
4. Successful purpose-oriented leadership starts with competent self-leadership by the individual leader.

Responsibility

1. Responsibility means respecting legitimate (trust-related) expectations, which entails – as far as possible – fulfilling them.
2. Responsibility is manifested in words, deeds and in respecting – and possibly configuring – the rules.
3. Responsibility has to be conducive to incentives.
4. In specific terms, assuming responsibility primarily means organizing the prevention, and possibly the sanctioning, of irresponsibility

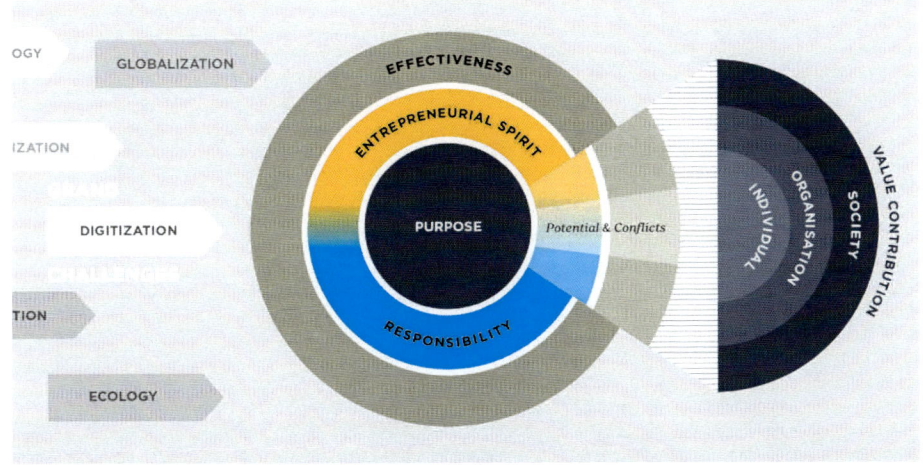

Entrepreneurial Spirit

1. Entrepreneurship contributes to ensuring the capability of organizations and societies to innovate and survive.
2. Entrepreneurial leadership is expressed in a proactive approach with a tolerance for ambiguity, an open approach to mistakes and a willingness to take risks.
3. Good leadership provides the necessary scope and openness to enable the unfurling of the innovation of every individual and the organization as a whole.
4. It creates the balance between invention and imitation as well as between exploration and exploitation and allows the coexistence of old and new paradigms (ambidexterity).
5. Entrepreneurial leadership creates dynamic capabilities and promotes a close internal and external exchange through flexible organizational structures and the creation of new organizations.
6. Good leadership invests in framework conditions which are friendly to innovation and makes an active contribution to the strengthening of the innovative capacity of both the site and the community.

Effectiveness

1. Effective leadership transforms the purpose into goal-oriented and effective action.
2. Leaders have to do the right things to achieve a value contribution, that is, to act effectively. In management, on the other hand, the focus is on doing the right things right, which means acting efficiently.
3. In times of change in particular, leaders are required to make a point of questioning the effectiveness of organizations as compared with their efficiency. If this does not occur, in the case of changing situational conditions, there is a risk that organizations will dedicate themselves more intensively to the efficiency of the wrong strategies.
4. Effective leadership requires leaders to assume a proactive steering, communication and coordination function.
5. Effectiveness is a prerequisite determining an organization's ability to survive in a competitive context. When dealing with goal conflicts, this can produce particular challenges for leaders.
6. Effective leadership begins within the leaders themselves as much as at the interpersonal, institutional and the social levels.

9. Curricular Embedding of the Leipzig Leadership Model

1. Starting Point of the Consideration

In recent years, the demand for a leadership model that takes into account the current economic and societal policy challenges has become increasingly louder. HHL Leipzig Graduate School of Management is responding to these practical needs with its Leipzig Leadership Model.

The Leipzig Leadership Model takes a new approach to the constantly present challenge of leadership, namely, winning people over for the tasks we face and providing them with clear guidance. At a time of globalization, digitalization and environmental challenges, this is no longer about the achievement of short term successes, but achieving success in such a way that it does not undermine the conditions for future success. For this reason, the stance of a leader is of decisive importance. The orientation and guidance to be conveyed refers to orientation which is open to development. There is a demand for heuristics in leadership practice which are problem-oriented, simple, robust and adaptable. The image of the human being is characterized by individual freedom and human fallibility. Leadership as an influence on other people must always be justifiable – as a contribution to a greater good. Leadership of an organization takes place as a superordinate unit. This

organization is viewed by society as an addressee of a host of different legal and social demands.

The leader must represent, shape and communicate the structure and the image of the organization in a competitive environment. At the same time, the limitations of leadership must be clearly outlined: It is about cooperation for mutual advantage. Reliable governance structures are supporting elements in this context to assist leaders by limiting their responsibilities, providing reliable supervision as well as sanctioning their actions.

The Leipzig Leadership Model seeks to find solutions to current questions of corporate leadership. The tools must be conveyed at an early stage within the scope of the studies and through an intensive theoretical and practical reflection of economic issues. The goal is a critical and solution-oriented approach for the benefit of one and all.

2. Framework Conditions of the Full-Time M.Sc. Leipzig Curriculum

HHL Leipzig Graduate School of Management aims to educate and train the executives and managers of tomorrow – a noble objective which must be implemented using a goal-oriented and consistent curriculum.

With its M.Sc. curriculum, HHL aims to answer three key questions from current business life:

Why do we need leadership?
What must be done to develop leadership effectively?
How should leadership be operationalized?

By finding answers to the questions above, we, HHL, not only prepare the students from our M.Sc. program for their future tasks but also enable them to understand the comprehensive implications of their entrepreneurial actions.

The basis of the questions raised here and to be answered during the course of study are the leadership dimensions of the Leipzig Leadership Model: purpose (why?), effectiveness (what?) as well as responsibility (how?) and entrepreneurial spirit (how?).

The *purpose dimension* of the Leipzig Leadership Model is the core of the leadership model and answers the key question regarding the why of leadership. The question starts with the individual leader, with self-leadership. Leaders justify exercising power and influence by the fact that they make motivational contributions to a greater good. It is not roles, hierarchies or status which drives their actions. Applied to an overall corporate context, these individual goals must be tied to the collective goals to achieve a joint target-orientation. Eventually, leadership must be applied to

HHL Leipzig Graduate School of Management aims to educate and train the executives and managers of tomorrow – a noble objective which must be implemented using a goal-oriented and consistent curriculum.

the social environment. The core task of leadership is developing an organization into an institution which stands for a set of values and standards.
As a leadership dimension, *effectiveness* generally serves as a yardstick for the impact of goal-oriented actions. In times with the challenges as described above, we are facing the necessity of pursuing various target contents which is why effective leadership requires a definition of the different goals and needs to recognize and overcome goal conflicts in the best possible way when determining the extent and time frame.

The how of the operationalization of leadership is discussed and addressed within the dimensions of *responsibility* and *entrepreneurial spirit*. Responsibility specifically refers to meeting trust expectations which can be explained by the concepts of responsibility for actions, the responsibility for rules and the responsibility for communication.

The dimension of entrepreneurial spirit, on the other hand, describes the innovation orientation of a company. Fundamentally, this relates to the cultural and organizational abilities of accepting and implementing new ideas. Entrepreneurial spirit is also characterized by elements such as being proactive, ambiguity and the willingness to take risks. People must entrust company executives to take risks and share their excitement about developing one's own ideas and driving their implementation. In answering the questions of the why, what and how of leadership as part of the full-time Leipzig M.Sc. curriculum, HHL deliberately takes a path that is different from other M.Sc. business courses offered both at the national as well as the international level. It consciously intends to promote a critical examination of entrepreneurial leadership against the background of current developments, thereby encouraging students to actively reflect on their acquired knowledge.

The purpose dimension of the Leipzig Leadership Model is the core of the leadership model and answers the key question regarding the why of leadership.

3. The Curriculum: Answering Relevant Entrepreneurial and Social Questions

The curriculum of the full-time M.Sc. program at HHL consists of three components, an overview of which is provided in the figure below. These are the core modules, the elective modules and the final master thesis. HHL's full-time M.Sc. curriculum pursues a general management approach and, with its many modules and elective options, provides an introduction to the various thematic fields of both business administration and economics. In this context, the Leipzig Leadership Model forms the basis of the general management approach. The core modules are oriented towards the dimensions of the model, such as effectiveness, responsibility and entrepreneurial spirit. The concept of leadership itself, and therefore the discussion of the why of leadership, explicitly appear in two core modules of the curriculum.

The term leadership itself, its meaning (leadership purpose) and operationaliza-

CORE MODULES	ELECTIVE MODULES	MASTER THESIS
Customer & Corporate Value	Innovation Management & Entrepreneuership	
Purpose & Entrepreneurial Spirit	Strategy	
Effective Leadership	Finance	
Economic Thinking	Reporting & Investor Relations	
Responsibility	Marketing Management	
Practical Experience	Value Chain Management	
Study Abroad	Markets, Information & Incentives	
	Advances in Leadership, Economics and Management	

Basic structure of the full time M. Sc. curriculum at HHL

tion are critically discussed. By raising awareness for the why of leadership, the students are forced for the first time to take a critical look at the established models of business administration and economics. At the same time, interest in answering the questions of the what and how through the in-depth elective modules is sparked. In the elective modules, the students are given the opportunity to specifically address the practical challenges at the appropriate level of theoretical depth. The choice is oriented towards the general management approach and covers the relevant business divisions, knowledge of which is essential for successful corporate leadership.

HHL's full-time M.Sc. curriculum pursues a general management approach and, with its many modules and elective options, provides an introduction to the various thematic fields of both business administration and economics. In this context, the Leipzig Leadership Model forms the basis of the general management approach.

The configuration of the content and teaching methods is based on the core elements of the Leipzig Leadership Model. The students are familiarized with the relevant theories. Group discussions and case studies facilitate entrepreneurial spirit, a sense of responsibility, leadership skills and effectiveness. The program

particularly stands out due to the following characteristics.

Interdisciplinarity
The lecturers discuss the latest topics in their subjects with partners from the faculty to teach an interdisciplinary view of issues from their respective fields. Isolated examinations of topics such as marketing or finance are a thing of the past. The understanding of relationships is the kind of knowledge demanded for tomorrow which also requires a look beyond the disciplines of business administration.

Practical relation
HHL Leipzig Graduate School of Management is engaged in a constant exchange with representatives of industry to put its own theoretical approaches and concepts to the test. The goal is excellent research with a practical view. The students are assigned field projects early on in the program. These projects address the latest entrepreneurial issues which must be solved with and for a partner from industry. The students develop solutions or generate innovative ideas for their partners.

Personal coaching
HHL Leipzig Graduate School of Management is the premier personal coaching university in Europe. That is why it goes even further than other business schools: with the optional offer of the New Leipzig Talents competence development program, HHL students at the beginning of their studies are given the opportunity for reflection and optimization of their own practical actions in concert with experienced coaches.

Based on the latest findings from competency research and in alignment with the mission and vision of HHL Leipzig Graduate School of Management, four competencies, which are particularly crucial to success, were set as the foundation for the school's competency development program and translated into a competency model (self-reflection, earning trustworthiness, social mindfulness and entrepreneurial spirit - www.leipzignewtalents.com)

Acquiring process competencies
The learning and development process of the entire group of students is continuously monitored and reflected in corresponding feedback sessions. This helps to identify learning potential, unravel it in the optimal way and utilize it. The students experience and learn about process reflection and control through the processes conducted by their own group as an example.

International experience
An integral part of the curriculum is the term abroad at one of 130 partner universities of HHL Leipzig Graduate School of Management. In addition to in-depth specialization, the students are given the opportunity to expand their personal and professional network. Moreover, they acquire and/or extend intercultural competencies as a relevant component of leadership.

4. Future Development: The Curriculum as a Starting Point for Lifelong Learning

With its full-time M.Sc. curriculum, HHL Leipzig Graduate School of Management aims to educate and train the leaders and managers of tomorrow. At the same time, this curriculum was designed to enable the students to continue learning in the relevant subject areas.
HHL's full time M.Sc. curriculum is constantly put to the test at the practical level to ensure that the education offered in Leipzig covers the practical requirements. The curriculum is therefore characterized by its flexibility and adaptability.

In the form of HHL Executive, successful graduates of the school's Master's program are given the opportunity to learn about the latest general management topics and thereby keep abreast of the current discussion. Therefore, the M.Sc. curriculum is a starting point for lifelong learning.

The master study and the executive education at HHL Leipzig Graduate School of Management therefore represent a foundation for the future success of leaders against the background of the digital age.

Acknowledgement

We would like to thank the Heinz Nixdorf Foundation for its generous moral and financial support during the preparation, implementation and documentation of the theory-practice dialogue on "Rethinking leadership" over the last five years as well as the ensuing work on the development of the Leipzig Leadership Model, its publication and the subsequent public discussion.

Literaturverzeichnis
References

acatech (ed) (2016): Die digitale Transformation gestalten. Was Personalvorstände zur Zukunft der Arbeit sagen. Utz, München

Albach H, Meffert H, Pinkwart A, Reichwald R (eds) (2015) Management of permanent change. Springer Gabler, Wiesbaden

Barnard CI (1938) The functions of the executive. Harvard University Press, Cambridge, Mass.

Bass BM (1985) Leadership and performance beyond expectations. Free Press, New York

Bass BM (1999) Two decades of research and development in transformational leadership. European Journal of Work and Organizational Psychology 8(1):9–32

Bennis W, Nanus B (1985) Leaders. The strategies for taking charge. Harper & Row, New York

Burns JM (1978) Leadership. Harper & Row, New York

Chesbrough HW (2003) Open Innovation. The new imperative for creating and profiting from technology. Harvard Business School Press, Boston, Mass.

Clausen P (2016) Der Bedarf einer Organisation an einer spezialisierten Funktion „Führung". Working paper. http://www.academia.edu/14216992/4._Der_Bedarf_einer_Organisation_an_einer_spezialisierten_Funktion_Fuehrung. Accessed 09 Nov 2016 (v9 of 25 Aug 2016)

De Boer M, Van Den Bosch FAJ, Volberda HW (1999) Managing organizational knowledge integration in the emerging multimedia complex. Journal of Management Studies 36(3):379–398

Drucker PF (1963) Managing for business effectiveness. Harvard Business Review 41(3):53–60

Drucker PF (1973) Management. Tasks, practices, responsibilities. Harpertrade, New York

Drucker PF (2004) Innovation and entrepreneurship. Practice and principles. Elsevier Butterworth-Heinemann, Amsterdam

Dyer JH, Gregersen HB, Christensen CM (2011) The innovator's DNA. Mastering the five skills of disruptive innovators. Harvard Business Review Press, Boston, Mass.

Eberhardt S (1998) Wertorientierte Unternehmensführung. Der modifizierte Stakeholder-Value-Ansatz. Gabler, Wiesbaden

Engelhardt CS, Simmons PR (2002) Organizational flexibility for a changing world. Leadership and Organization Development Journal 23(3):113–121

Innosight (ed) (2012) Creative destruction whips through corporate America. To survive and thrive business leaders must "create, operate, and trade" without losing control. Innosight Executive Briefing Winter 2012

Jobs S (1998) Fortune 9 November 1998

Kirchgeorg M, Winn M (2005) Herausforderungen an das Nachhaltigkeitsmanagement bei zunehmenden ökologischen Diskontinuitäten. In: Burmann, C., et. al., (eds): Management von Ad-hoc-Krisen. Gabler, Wiesbaden, 245–268

Meffert H (1998) Idee und Konzeption der neuen Handelshochschule Leipzig (HHL). In: Handelshochschule Leipzig, Prof. Gerd Assmus, PhD, Prof. Dr. Hans Göschel, Prof. Dr. Dr. hc. Heribert Meffert (Hrsg.): Zur Entwicklung der Betriebswirtschaftslehre in Deutschland. 100 Jahre Handelshochschule Leipzig. Festschrift anlässlich des hundertjährigen Gründungsjubiläums der Handelshochschule Leipzig am 25. April 1998, Leipzig 1998, p 102–110

Meffert H (1985) Größere Unternehmensflexibilität als Unternehmenskonzept. Zeitschrift für betriebswirtschaftliche Forschung (ZfBF) 37:121–137

Meynhardt T (2015) Public value. Turning a conceptual Framework into a scorecard. In: Bryson JM, ed. al. (eds): Creating public value in practice. Advancing the common good in a multi-sector, shared-power, no-one-wholly-in-charge world. CRC Press, Boca Raton, FL, 147–169

Meynhardt T (2016) Public Value. Der Gemeinwohlbeitrag von Organisationen und Unternehmen. In: Verantwortungsvolles Unternehmertum. Wie tragen Unternehmen zu gesellschaftlichem Mehrwert bei? Bertelsmann Stiftung, Gütersloh, 25–35

Picot A, Reichwald R, Wigand RT (2008) Information, organization and management. Springer, Berlin

Pinkwart A (2012) innovate125. HHL Future Concept. http://www.hhl.de/en/about/mission-vision/. Accessed 14 Nov 2016

Rawls J (2000) Eine Theorie der Gerechtigkeit. Suhrkamp, Frankfurt am Main

Reichwald R, Behrbohm P (1983) Flexibilität als Eigenschaft produktionswirtschaftlicher Systeme. Zeitschrift für Betriebswirtschaft (ZfB) 53(9):831–853

Schmidt E (2009) Inside the mind of Google. CNBC Interview, December 2, 2009

Schrömgens R (2016) In Jumpertz S (2016) Digitale Transformation: Wie viel Spannung ist erträglich? http://www.managerseminare.de/blog/. Accessed 20 Feb 2016

Schumpeter JA (1912) Theorie der wirtschaftlichen Entwicklung. Duncker & Humblot, Leipzig

Selznick P (1957) Leadership in administration. A sociological interpretation. Harper & Row, New York

Smith A (2006) Der Wohlstand der Nationen. Eine Untersuchung seiner Natur und seiner Ursachen. FinanzBuch-Verl., München

Suchanek A (2015) Unternehmensethik. In Vertrauen investieren. Mohr Siebeck, Tübingen

Sydow J (2015) Networks, persistence and change. A path dependence perspective. In: Albach et al. (eds): Management of permanent change. Springer-Gabler, Wiesbaden, 89–101

Ulrich H (1987) Unternehmungspolitik. Haupt, Bern

von Hippel E (2005) Democratizing innovation. MIT Press, Cambridge, Mass.